Die linearen Differenzengleichungen und ihre Anwendung in der Theorie der Baukonstruktionen

Von

Dr. Paul Funk

Privatdozent an der deutschen Universität und an der
deutschen Technischen Hochschule in Prag

Mit 24 Textabbildungen

Berlin

Verlag von Julius Springer

1920

Vorwort.

Das vorliegende Buch richtet sich in erster Linie an den Bauingenieur. Die bestehenden Lehrbücher über Differenzenrechnung und Differenzengleichungen nehmen auf seine Bedürfnisse keine Rücksicht und doch lassen gerade die Anforderungen, die er stellt, eine mathematische Behandlung zu.

Aber auch für den Hörer der Mathematik an Universitäten kann vielleicht dieses Buch in mancher Beziehung von Nutzen sein.

Zunächst in rein sachlicher Beziehung! Da fehlt es, wie es scheint, in der Lehrbuchliteratur beim Aufbau der formalen Theorie der Differentialgleichungen wohl durchweg an einem Hinweis auf die entsprechenden elementaren algebraischen Überlegungen. (Im Gegensatz zu den Originalarbeiten, auch Riemann verweist gelegentlich darauf.)

Ferner scheint es mir überhaupt wünschenswert, den Mathematikern das Eindringen in technische Fragen zu erleichtern und zwar aus mehreren Gründen. Zunächst ist darauf hinzuweisen, daß die Anforderungen der Technik schon oft wertvolle Anregungen für die Mathematik gegeben haben. Ferner kann der ehemalige Hörer an der Universität an einer Technik landen und, wenn er dann dort in Versuchung gerät, den jungen Leuten dasjenige an Mathematik zu bieten, was dem Gedankenkreis ihres zukünftigen Berufes entspricht, so hat er bei dem gegenwärtigen Stand der technischen Literatur ein ziemlich beträchtliches Opfer an Zeit und Mühe zu bringen. Schließlich ist aber auch noch folgendes zu bedenken. Die übliche Art des mathematischen Unterrichtes an Universitäten bringt es mit sich, daß bei den meisten Hörern das Interesse am Fach leider sehr bald nach dem Verlassen der Hochschule vollkommen erlischt. Nun glaube ich, gerade technische Fragen könnten unter Umständen manche ganz nette Anregung bieten. Eine Vorbedingung hierfür wäre aber eine leichtere Art der Verständigung zwischen Mathematiker und Ingenieuren. Hierzu sind aber Bücher nötig, die von beiden Gruppen gelesen werden und vielleicht auch Vorlesungen an Universitäten über ausgewählte Kapitel aus der technischen Mechanik.

Diese Erwägungen brachten es mit sich, daß ich mich durch das üble Sprichwort, man könne nicht zwei Herren zugleich dienen, von meinem Vorhaben nicht abhalten ließ, obwohl mir gerade diese doppelte Rücksicht oft nicht ganz leicht fiel.

Von Vorkenntnissen wird nur soviel vorausgesetzt, als in den üblichen einleitenden Vorlesungen über Differential und Integralrechnung und über Elemente der Differentialgleichungen stets vorgetragen wird.

Ursprünglich war ein Buch von größerem Umfange geplant mit dem Titel „Die linearen Differenzgleichungen und ihre Anwendung in der Technik". Dabei gedachte ich insbesondere auch auf neuere Anwendungen in der Elektrotechnik einzugehen. Doch allzuviel um allzu verschiedene Gruppen von Lesern zu berücksichtigen, wäre wohl kaum ratsam gewesen. Wenn es mir gelungen sein sollte, durch meine Darstellung den Ansprüchen der beiden Gruppen — Bauingenieure und Mathematiker — einigermaßen gerecht zu werden, so wäre ich schon sehr zufrieden.

Peinlich, vielleicht allzu peinlich habe ich darauf geachtet, nicht durch Eingehen auf Einzelheiten abschreckend zu wirken. Wenn einem Leser die vorliegende Darstellung nicht genügt und wenn er sich zu eigenem Nachdenken oder zum Studium anderer Arbeiten auf diesem Gebiet angeregt fühlt, so ist dies wohl erfreulicher, als wenn er sich in unnützer Weise ermüdet fühlt. ·

Ziel des dritten Teiles ist es, eine Theorie zur Berechnung der hochgradig statisch unbestimmten Tragkonstruktionen vom Grunde aus zu entwickeln und an Beispielen zu erläutern. Dabei ergab sich naturgemäß die Gelegenheit, auch die Theorie der statisch bestimmten Fachwerke (einschließlich der Theorie der Cremonapläne) kurz zu erörtern. Daß das Ziel auf so wenigen Seiten ungezwungen erreicht werden konnte, rührt davon her, daß ich jede nähere Betrachtung des Verzerrungszustandes vermied und mich unmittelbar ohne nähere Begründung auf das Castiglianosche Prinzip berief, woran wohl auch ein Leser, der die übliche Begründung dieses Prinzips noch nicht kennt, keinen Anstoß nehmen wird. Der Mangel, der dieser Methode bisher immer zum Vorwurf gemacht wurde, daß man nämlich auf diese Weise keine Anhaltspunkte zu einer zweckmäßigen Auswahl der statisch unbestimmten Größen gewinnt, ist wohl hier, wie ich glaube, beseitigt. Daß das Eingehen auf den Verzerrungszustand an und für sich von Interesse sein kann, muß allerdings unumwunden zugegeben werden. Doch sind gerade diese Methoden in letzter Zeit sehr ausführlich von anderen Verfassern behandelt worden, so daß ich es nicht nötig zu haben glaubte, darauf näher einzugehen. Die erste Anregung zur Beschäftigung mit Aufgaben der Baumechanik und viele wertvolle Aufschlüsse beim weiteren Studium habe ich meinem Freund J. Vinzenz zu verdanken.

Aufrichtigen Dank schulde ich vor allem Herrn Professor Pöschl, der in einer überaus freundlichen Weise bei den Korrekturenarbeiten durch viele wertvolle Ratschläge zur Verbesserung einzelner Stellen sehr wesentlich beigetragen. Ebenso haben mich die Herren W. Blaschke, K. Mack und namentlich auch Herr K. Löwner vielfach durch ihren Rat unterstützt.

Ihnen, sowohl allen Freunden und Hörern, die mir bei der Herausgabe dieses Buches in irgendeiner Weise hilfreich zur Seite gestanden haben, sowie dem Verlage für mannigfaches freundliches Entgegenkommen sei von dieser Stelle aus herzlichst gedankt.

Prag, im Januar 1920.

Paul Funk.

Inhaltsverzeichnis.

Dritter Teil.

Herleitung von Differenzengleichungen in der Baumechanik.

Anhang.

Erster Teil.

Rechnerische Behandluug der Differenzengleichungen.

I. Abschnitt.
Über Differenzengleichungen mit einer Reihe von Unbekannten.

§ 1. Einleitende Definitionen und Sätze.

Liegt eine Reihe von Größen

$$y_1, y_2, \ldots, y_\nu \ldots$$

vor, so nennt man die Ausdrücke

$$(1) \quad \begin{cases} \Delta y_\nu = y_{\nu+1} - y_\nu, \\ \Delta^2 y_\nu = \Delta(\Delta y_\nu) = \Delta y_{\nu+1} - \Delta y_\nu = y_{\nu+2} - 2y_{\nu+1} + y_\nu, \\ \Delta^3 y_\nu = \Delta(\Delta^2 y_\nu) = \Delta y_{\nu+2} - \Delta(2y_{\nu+1}) + \Delta y_\nu = y_{\nu+3} - 3y_{\nu+2} \\ \qquad\qquad\qquad + 3y_{\nu+1} - y_\nu, \\ \vdots \\ \Delta^\varkappa y_\nu = y_{\nu+\varkappa} - \binom{\varkappa}{1} y_{\nu+\varkappa-1} + \binom{\varkappa}{2} y_{\nu+\varkappa-2} - \cdots + (-1)^\varkappa y_\nu \end{cases}$$

die erste, zweite, dritte, $\ldots$, $\varkappa^{\text{te}}$ Differenz.

Löst man diese Gleichungen nach den Größen $y_{\nu+1}$, $y_{\nu+2}$, $\ldots$, $y_{\nu+\varkappa}$ auf, so ergibt sich

$$(2) \quad \begin{cases} y_{\nu+1} = y_\nu + \Delta y_\nu, \\ y_{\nu+2} = y_\nu + 2\Delta y_\nu + \Delta^2 y_\nu, \\ y_{\nu+\varkappa} = y_\nu + \binom{\varkappa}{1} \Delta y_\nu + \binom{\varkappa}{2} \Delta^2 y_\nu + \ldots + \Delta^\varkappa y_\nu. \end{cases}$$

Läßt sich nun ein System von Gleichungen auf die Form bringen

$$(3) \quad F_\nu(y_\nu, \Delta^1 y_\nu, \ldots, \Delta^{(m)} y_\nu) = 0 \qquad (\nu = 1, 2, \ldots, n),$$

oder, was nach (1) bzw. (2) auf dasselbe hinausläuft, auf die Form

$$(4) \quad \Phi_\nu(y_\nu, y_{\nu+1}, \ldots, y_{\nu+m}) = 0 \qquad (\nu = 1, 2, \ldots, n),$$

so spricht man von einer Rekursionsformel oder Differenzengleichung.

Einer anderen Auffassung begegnet man in der Funktionentheorie. Man verwendet dort meistens statt ν den Buchstaben x, den man als kontinuierliche Veränderliche deutet, und betrachtet y als Funktion von x. Die Differenzengleichung ist dort eine Funktionalgleichung, durch die die Funktionswerte an den Stellen $x, (x+1), \ldots, (x+m)$ miteinander verknüpft werden (vgl. das Buch von Wallenberg und Guldberg). Hier mußte natürlich sofort jene Auffassung zugrunde gelegt werden, die sich für das in Aussicht genommene Anwendungsgebiet eignet.

Bei dieser Auffassung, die wir zugrunde legen, wirkt vielleicht der Sprachgebrauch „die Differenzengleichung" (Einzahl) für eine Gesamtheit von mehreren Gleichungen im Anfang befremdend. Doch wird der Leser leicht die Berechtigung dieses Sprachgebrauches einsehen, wenn er an den Ausdruck Rekursionsformel denkt. Die Zweckmäßigkeit an diesem Sprachgebrauch festzuhalten wird insbesondere aus § 6 erhellen.

In entsprechender Weise gebrauchen wir auch das Wort „Lösung" in der Einzahl zur Bezeichnung eines Systems von zusammengehörigen Werten von y_ν, die die Differenzengleichung erfüllen.

Wenn in Gleichung (3) bzw. (4) y_ν und $y_{\nu+m}$ wirklich vorkommen, so spricht man von einer Differenzengleichung m^{ter} Ordnung[1]. In der technischen Literatur kommen auch statt dessen die Ausdrücke wie „$m+1$-gliedrige Gleichung" oder „$m+1$-gliedrige Rekursionsformel" vor.

In unserem Anwendungsgebiet kommen ausschließlich lineare Differenzengleichungen vor, also Gleichungen von der Form

$$(5) \qquad \sum_{\mu=0}^{\mu=m} a_{\nu,\mu}\, y_{\nu+\mu} = B_\nu \qquad (\nu = 1, 2, \ldots, n).$$

Die Größe B_ν wollen wir als **Belastungszahlen** bezeichnen.

Am häufigsten sind Differenzengleichungen 2. und 4. Ordnung. In diesem Falle werden wir meistens vom obigen Schema abweichend die Numerierung so vornehmen, daß der Index der mittleren Unbekannten in jeder einzelnen Gleichung mit der Nummer der betreffenden Gleichung übereinstimmt, also folgendermaßen:

$$(6) \qquad a_\nu\, y_{\nu-1} + b_\nu\, y_\nu + c_\nu\, y_{\nu+1} = B_\nu \qquad (\nu = 1, 2, \ldots, n),$$

bzw.

$$(7) \quad a_\nu\, y_{\nu-2} + b_\nu\, y_{\nu-1} + c_\nu\, y_\nu + d_\nu\, y_{\nu+1} + e_\nu\, y_{\nu+2} = B_\nu \quad (\nu = 1, 2, \ldots, n).$$

Sind die Belastungszahlen ausnahmslos gleich Null, so spricht man von einer homogenen linearen Differenzengleichung. Ist dies nicht der Fall, so spricht man von inhomogenen linearen Differenzengleichungen. Ersetzt man in einer inhomogenen Differenzengleichung

---

[1] Man beachte, daß bei Einsetzen von (1) in (3) y_ν allenfalls herausfallen kann. Z. B. ist die Gl. $\Delta^2 y_\nu + \Delta y_\nu = 3$ mm von 1. Ordnung.

alle Belastungszahlen durch Null, so nennt man die so entstehende Differenzengleichung „die zugehörige homogene Differenzengleichung". Die Unbekannten in ihr werden wir meistens mit dem Buchstaben η bezeichnen.

Sind n Gleichungen vorhanden, so ist die Anzahl der Unbekannten $n + m$; also wird man im allgemeinen noch m Größen willkürlich wählen können, oder anders ausgedrückt, die Ordnung stimmt überein mit der Anzahl der willkürlich wählbaren Größen.

Über lineare homogene bzw. inhomogene Differenzengleichungen gelten nun eine Reihe von ganz entsprechenden Sätzen wie bei linearen homogenen bzw. inhomogenen Differentialgleichungen. Die Beweise ergeben sich unmittelbar und sind in beiden Gebieten vollkommen analog, so daß wir sie wohl im einzelnen übergehen dürfen. Die für uns insbesondere in Betracht kommenden Sätze sind die folgenden:

1. Sind $y_\nu^{(1)}$ und $y_\nu^{(2)}$ Lösungen der inhomogenen Gleichung, so ist

$$\eta_\nu = y_\nu^{(1)} - y_\nu^{(2)}$$

eine Lösung der zugehörigen homogenen Gleichung.

2. Ist y_ν irgendeine Lösung der inhomogenen Gleichung und η_ν eine Lösung der zugehörigen homogenen Gleichung, so ist

$$y_\nu + \eta_\nu$$

wieder eine Lösung der inhomogenen Gleichung.

3. Das Superpositionsgesetz. Für inhomogene Gleichungen lautet es: Sind $y_\nu^{(i)}$ Lösungen der inhomogenen Differenzengleichungen

$$\sum_{\mu=0}^{\mu=m} a_{\nu,\mu} y_{\nu+\mu}^{(i)} = B_\nu^{(i)} \qquad (i = 1, 2, \ldots, k),$$

d. h. also von Differenzengleichungen, die sich nur durch eine allfällige Verschiedenheit der Belastungszahlen voneinander unterscheiden, so ist die lineare Kombination von Lösungen

$$y_\nu = \sum_{i=1}^{i=k} C_i y_\nu^{(i)}$$

eine Lösung der Differenzengleichung

$$\sum_{\mu=0}^{\mu=m} a_{\nu,\mu} y_{\nu+\mu} = \sum_{i=1}^{i=k} C_i B_\nu^{(i)}.$$

Wenn alle Belastungszahlen Null sind, ergibt sich das Superpositionsgesetz für homogene Gleichungen: Jede lineare Kombination von Lösungen einer homogenen Differenzengleichung ist wieder eine Lösung von ihr.

Um überhaupt irgendeine Lösung einer linearen Differenzengleichung m^{ter} Ordnung zu gewinnen, kann man sich etwa die m ersten $y_\nu : y_1, y_2, \ldots, y_m$ vorgeben und findet sofort aus der ersten Gleichung y_{m+1}, hierauf aus der 2. Gleichung y_{m+2} usw. Dabei wird die Voraussetzung zu machen sein, daß die Größen $a_{\nu,m}$ von Null verschieden seien. Ebenso wird man häufig in der entgegengesetzten Richtung die Rechnung durchzuführen haben, also in der Weise, daß man die Größen $y_{n+1}, y_{n+2}, \ldots, y_{n+m}$ als gegeben anzusehen hat, hierauf aus der letzten Gleichung y_n berechnet, dann aus der vorletzten y_{n-1} usw. Hier werden wir die Voraussetzung $a_{\nu,0} \neq 0$ zu machen haben. Im folgenden wollen wir stets beides voraussetzen:

$$a_{\nu,m} \neq 0, \qquad a_{\nu,0} \neq 0.$$

Es mögen nun die Größen $\eta_\nu^{(\varkappa)}$, $\varkappa = 1, 2, \ldots, k$ für jeden Wert von $\varkappa$ eine Lösung der homogenen Differenzengleichung

$$(8) \qquad \sum_{\mu=0}^{\mu=m} a_{\nu,\mu} \, \eta_{\nu+\mu} = 0$$

sein. Man sagt von k Lösungen, sie seien voneinander linear abhängig, wenn zwischen ihnen für alle Werte von ν eine Beziehung von der Form

$$(9) \qquad \sum_{\varkappa=1}^{\varkappa=k} C_\varkappa \, \eta_\nu^{(\varkappa)} = 0$$

besteht, wobei die $C_\varkappa$ nicht sämtlich gleich Null sein dürfen.

Kann man kein solches Größensystem $C_\varkappa$ finden, so sagt man, die Lösungen seien voneinander linear unabhängig.

Damit bei einer linearen homogenen Differenzengleichung m^{ter} Ordnung gerade m Lösungen $\eta_\nu^{(1)}, \eta_\nu^{(2)}, \ldots, \eta_\nu^{(m)}$ voneinander linear abhängig seien, ist notwendig und hinreichend, daß die Gleichung (9) für m aufeinander folgende Werte von $\nu: \nu_0, \nu_0+1, \ldots, \nu_0+m-1$ gilt. Dies würde nämlich besagen, daß man eine lineare Kombination

$$\eta_\nu = \sum_{\varkappa=1}^{\varkappa=m} C_\varkappa \, \eta_\nu^{(\varkappa)}$$

angeben kann, die für die angegebenen aufeinander folgenden Werte von ν verschwinden müßte; eine solche Lösung muß aber offenbar für alle Werte von ν Null sein.

Ferner sagt man, die Größen $\eta_\nu^{(\varkappa)}$ $(\varkappa = 1, 2, \ldots m)$ bilden ein vollständiges oder ein Fundamentalsystem einer linearen homogenen Differenzengleichung, wenn sich jede beliebige Lösung η_ν als lineare Kombination dieser Größen

$$\eta_\nu = \sum_{\varkappa=1}^{\varkappa=m} C_\varkappa \, \eta_\nu^{(\varkappa)}$$

auffassen läßt. Wieder gilt ganz entsprechend wie bei Differentialgleichungen der Satz: Bei einer linearen homogenen Differenzengleichung m^{ter} Ordnung bilden m voneinander lineare unabhängige Lösungen ein vollständiges System.

Wir zeigen zuerst, daß es nicht mehr als m linear unabhängige Lösungen gibt. Aus der Voraussetzung der linearen Unabhängigkeit folgt, daß für ein ν_0 die Determinante

$$\begin{vmatrix} \eta^{(1)}_{\nu_0}, & \cdots, & \eta^{(1)}_{\nu_0+m-1} \\ \vdots & & \\ \eta^{(m)}_{\nu_0} & & \eta^{(m)}_{\nu_0+m-1} \end{vmatrix} \neq 0$$

ist. Diese Bedingung verbürgt aber, daß die Gleichungen

$$\sum_{\varkappa=1}^{\varkappa=m} C_{(\varkappa)}\, \eta^{(\varkappa)}_{\nu_0+\mu} = \bar\eta_{\nu_0+\mu} \qquad (p = 0, 1, 2, \ldots, m-1)$$

nach den Unbekannten $C_{(\varkappa)}$ lösbar sind, wobei die Größen $\bar\eta_{\nu_0+\mu}$ ganz beliebig gewählt sein können. Da jede Lösung durch m aufeinander folgende Werte der Unbekannten eindeutig bestimmt ist, folgt, daß sich jede Lösung als lineare Kombination von m linear unabhängigen Lösungen darstellen läßt.

Allgemein wollen wir nun eine Lösung einer Differenzengleichung m^{ter} Ordnung, die durch Angabe ihrer Anfangswerte

$$y_1 = \alpha_1, \ldots, \quad y_m = \alpha_m$$

bestimmt ist, mit

$$y_\nu \,|\, a_0, a_2, \ldots, a_m$$

bezeichnen und eine Lösung, die durch Angabe ihrer Endwerte

$$y_{n+m} = \alpha_{n+m}, \ldots, y_{n+1} = \alpha_{n+1}$$

bestimmt ist, bezeichnen wir mit

$$y_\nu \,|\, \alpha_{n+m}, \ \alpha_{n+m-1}, \ldots, \ \alpha_{n+1}.$$

Ein Beispiel für die Existenz von m linear unabhängigen Lösungen sind die folgenden:

$$\eta_\nu \,\big|\, {}_{1\,0\,0\,0\cdots 0}$$
$$\eta_\nu \,\big|\, {}_{0\,1\,0\,0\cdots 0}$$
$$\cdots\cdots\cdots$$
$$\eta_\nu \,\big|\, {}_{0\,0\,0\,0\cdots 1}.$$

In der Tat bilden sie auch ein Fundamentalsystem. Denn sind $\alpha_1, \ldots \alpha_m$ ganz beliebige Werte, so stellt sich die dadurch eindeutig bestimmte Lösung dar in der Form

$$\eta_\nu \,|\, a_1, a_2, a_m = \alpha_1\, \eta_\nu \,\big|\, {}_{1\,0\,0\,0\cdots 0} + \alpha_2\, \eta_\nu \,\big|\, {}_{0\,1\,0\,0\cdots 0} + \cdots + \alpha_m\, \eta_\nu \,\big|\, {}_{0\,0\,0\,0\cdots 1}.$$

§ 2. Lineare homogene Differenzengleichungen mit unveränderlichen Beiwerten[1]).

Darunter versteht man solche lineare homogene Differenzengleichungen, bei denen die Beiwerte vom Zeiger ν unabhängig sind. Es handelt sich also um Gleichungen von der Form

$$(10) \qquad a_0\, \eta_\nu + a_1\, \eta_{\nu+1} + \cdots + a_m\, \eta_{\nu+m} = 0.$$

---

[1]) Das Wort „Beiwert" statt „Koeffizient" kommt in mehreren technischen Abhandlungen vor.

Ganz analog wie man bei Differentialgleichungen mit konstanten Koeffizienten

$$a_0 \frac{d^m \eta}{d x^m} + a_1 \frac{d^{m-1} \eta}{d x^m} + \ldots + a_m \eta = 0$$

vom Ansatz

$$\eta = e^{r x}$$

ausgeht, geht man bei Differenzengleichungen vom Ansatz

$$\eta_\nu = r^\nu$$

aus. Daß dieser Ansatz nahe liegt, sieht man insbesondere dann sofort ein, wenn man zunächst die Differenzengleichung erster Ordnung betrachtet:

$$\eta_{\nu+1} - q \, \eta_\nu = 0,$$

die nichts anderes als die Definitionsgleichung der geometrischen Reihe für η_ν bedeutet. Sie ist offenbar allgemein gelöst durch

$$\eta_\nu = C \, q^\nu.$$

Macht man nun allgemein den obigen Ansatz für die η_ν, so erhält man aus (10), nachdem man durch r^ν gekürzt hat, die sogenannte „charakteristische Gleichung"

$$a_0 + a_1 \, r + \ldots + a_m \, r^m = 0 \, .$$

Hat nun diese Gleichung m voneinander verschiedene Wurzeln r_1, $r_3, \ldots, r_m$, so sind

$$\eta_1 = r_1^\nu, \quad \eta_2 = r_2^\nu, \ldots, \eta_m = r_m^\nu$$

voneinander linear unabhängig und bilden ein vollständiges System von Lösungen. Den Beweis können wir hier wohl übergehen, da er genau so geführt wird wie der entsprechende bei Differentialgleichungen.

Aus demselben Grund können wir nun auch bei der Behandlung mehrfacher Wurzeln uns mit der bloßen Angabe der Sätze begnügen. Ist r_i eine solche $\varkappa$-fache Wurzel, so ist nicht nur $\eta_\nu = r_i^\nu$ Lösung unserer Differenzengleichung, sondern auch

$$\eta_\nu = \nu \, r_i^\nu, \quad \eta_\nu = \nu^2 \, r_i^\nu, \ldots, \quad \eta_\nu = \nu^{\varkappa-1} \, r_i^\nu$$

sind partikuläre Lösungen unserer Differenzengleichung, und man kann dann in der Tat durch lineare Kombination der so gewonnenen Lösungen jede Lösung erhalten. Das wichtigste Beispiel in der Baumechanik[1]) für eine lineare homogene Differenzengleichung mit unveränderlichen Beiwerten bietet die Clapeyronsche Gleichung oder der Dreimomentensatz beim durchlaufenden Träger im Falle, daß

---

[1]) Vgl. § 21.

alle Öffnungen gleich groß sind und der Balken in allen Feldern gleiches Trägheitsmoment besitzt; wie im 3. Teil, a. a. O. gezeigt wird, erhält man für die Momente über den einzelnen Stützen, zwischen denen der Balken nicht belastet ist, die folgende Differenzengleichung:

$$\eta_{\nu-1} + 4\,\eta_\nu + \eta_{\nu+1} = 0.$$

Die charakteristische Gleichung lautet also

$$r^2 + 4\,r + 1 = 0.$$

Sie ist eine reziproke Gleichung und ihre Wurzeln sind

$$r_1 = -2 - \sqrt{3}, \qquad r_2 = \frac{1}{r_1} = -2 + \sqrt{3}.$$

Die allgemeinste Lösung unserer Differenzengleichung lautet somit

$$\eta_\nu = C_1 (-2 - \sqrt{3})^\nu + C_2 (-2 + \sqrt{3})^\nu.$$

Für manche Zwecke eignet sich besser eine andere Form der Lösung. Man setzt

$$4 = 2\,\mathfrak{Cos}\,\varphi = e^\varphi + e^{-\varphi}.$$

Aus Tabellen für die hyperbolischen Funktionen ergibt sich

$$\varphi = 1,31\ldots.$$

Die Wurzeln der charakteristischen Gleichung sind dann $-e^\varphi$ und $-e^{-\varphi}$. Man erhält somit $(-1)^\nu e^{\nu\varphi}$ bzw. $(-1)^\nu e^{-\nu\varphi}$ als Lösungen unserer Differenzengleichung oder auch die linearen Kombinationen hiervon

$$(-1)^\nu\,\mathfrak{Cos}\,\nu\,\varphi \quad \text{bzw.} \quad (-1)^\nu\,\mathfrak{Sin}\,\nu\,\varphi.$$

Also erhält man die allgemeine Lösung in der Form

$$\eta_\nu = C_1 (-1)^\nu\,\mathfrak{Cos}\,\nu\,\varphi + C_2 (-1)^\nu\,\mathfrak{Sin}\,\nu\,\varphi.$$

In dem in Aussicht genommenen Anwendungsgebiet kommen wohl ausschließlich solche Differenzengleichungen vor, wo die charakteristische Gleichung reziprok ist. Es rührt dies davon her, daß z. B. bei einem gegliederten Bauwerk jedes einzelne Glied mit seinem rechten und linken Nachbarglied in gleicher Weise zusammenhängt. Differenzengleichungen von dieser Art gestatten eine Schreibweise, bei der nur Ausdrücke mit Differenzen gerader Ordnung vorkommen. Im Sinne der in Gleichung (6) bzw. (7) getroffenen Vereinbarung lautet die Reziprozitätsbedingung bei zweiter Ordnung $a = c$ und es wird

$$a y_{\nu+1} + b y_\nu + a y_{\nu-1} = a\,\varDelta^2 y_{\nu-1} + (2\,a + b) y_\nu.$$

Bei vierter Ordnung lauten die Reziprozitätsbedingungen $a = e$, $b = d$ und es wird

$$a y_{\nu+2} + b y_{\nu+1} + c y_\nu + b y_{\nu-1} + a y_{\nu-2}$$
$$= a\,\varDelta^4 y_{\nu-2} + (b + 4\,a)(y_{\nu-1} + y_{\nu+1}) + (c - 6\,a) y_\nu$$
$$= a\,\varDelta^4 y_{\nu-2} + (b + 4\,a)\,\varDelta^2 y_{\nu-1} + (c + 2\,a + 2\,b) y_\nu.$$

Als zweites Beispiel betrachten wir die Gleichung

$$\eta_{\nu+2} - 3\,\eta_{\nu+1} + \frac{9}{2}\,\eta_\nu - 3\,\eta_{\nu-1} + \eta_{\nu-2} = 0.$$

Die charakteristische Gleichung lautet

$$r^4 - 3\,r^3 + \frac{9}{2}\,r^2 - 3\,r + 1 = 0.$$

Sie ist reziprok und hat die Wurzeln

$$r_1 = 1 + i, \qquad r_2 = 1 - i, \qquad r_3 = \frac{1}{r_2} = \frac{1+i}{2}, \qquad r_4 = \frac{1}{r_1} = \frac{1-i}{2}.$$

Setzt man

$$ln\,\sqrt{2} = \frac{ln\,2}{2} = \chi, \qquad \frac{\pi}{4} = \varphi,$$

so lassen sich die Wurzeln auch schreiben in der Form:

$$r = e^{\pm\chi\pm i\varphi} = e^{\pm\chi}(\cos\varphi \pm i\sin\varphi).$$

Also erhalten wir als partikuläre Lösungen

$$\eta_{\nu 1} = e^{\nu\chi}(\cos\nu\varphi + i\sin\nu\varphi), \quad \eta_{\nu 2} = e^{\nu\chi}(\cos\nu\varphi - i\sin\nu\varphi),$$

$$\eta_{\nu 3} = e^{-\nu\chi}(\cos\nu\varphi + i\sin\nu\varphi), \quad \eta_{\nu 4} = e^{-\nu\chi}(\cos\nu\varphi - i\sin\nu\varphi).$$

Um zu reellen Lösungen zu gelangen und um die in Tabellen zugänglichen und daher für numerische Rechnung bequemeren hyperbolischen Funktionen einzuführen, bilden wir die linearen Kombinationen.

$$\eta_{\nu I} = \frac{1}{4}(\eta_{\nu 1} + \eta_{\nu 2} + \eta_{\nu 3} + \eta_{\nu 4}) = \mathfrak{Cof}\,\nu\chi\,\cos\nu\varphi,$$

$$\eta_{\nu II} = \frac{1}{4\,i}(\eta_{\nu 1} - \eta_{\nu 2} + \eta_{\nu 3} - \eta_{\nu 4}) = \mathfrak{Cof}\,\nu\chi\,\sin\nu\varphi,$$

$$\eta_{\nu III} = \frac{1}{4}(\eta_{\nu 1} + \eta_{\nu 2} - \eta_{\nu 3} - \eta_{\nu 4}) = \mathfrak{Sin}\,\nu\chi\,\cos\nu\varphi,$$

$$\eta_{\nu IV} = \frac{1}{4\,i}(\eta_{\nu 1} - \eta_{\nu 2} - \eta_{\nu 3} + \eta_{\nu 4}) = \mathfrak{Sin}\,\nu\chi\,\sin\nu\varphi.$$

Auf diese Form lassen sich stets die partikularen Lösungen einer Differenzengleichung 4. Ordnung mit unveränderlichen reellen Beiwerten bringen, wenn die charakteristische Gleichung reziprok ist und wenn ihre Wurzeln komplex und dem absoluten Betrage nach von 1 verschieden sind. Die allgemeine Lösung lautet

$$\eta_\nu = C_1\,\eta_{\nu I} + C_2\,\eta_{\nu II} + C_3\,\eta_{\nu III} + C_4\,\eta_{\nu IV}.$$

§ 3. Auflösung linearer inhomogener Differenzengleichungen durch einfache analytische Ausdrücke.

Für die Aufgabe, die allgemeine Lösung einer linearen inhomogenen Differenzengleichung zu finden, lassen sich ganz analoge Methoden wie die Methode von Lagrange der Variation der Konstanten und die Methode von Cauchy entwickeln, doch ist dies für unseren Standpunkt kaum von Interesse, da es sich bei den Anwendungen stets nur darum handelt, Lösungen zu finden, die gewissen Randbedingungen entsprechen. Nur in jenen Fällen, wo die Belastungszahlen einen einfachen analytischen Ausdruck in v darstellen und wo sich die allgemeine Lösung unserer Differenzengleichung durch einen einfachen übersichtlichen analytischen Ausdruck darstellen läßt, wird man zuerst die allgemeine Lösung suchen und erst hernach die Grenzbedingungen einführen. In diesem Falle benötigt man nicht die oben genannten Methoden, sondern man übersieht meist sofort, in welcher Form zunächst eine besonders einfache partikuläre Lösung unserer Differenzengleichung anzusetzen ist, wobei noch in diese Form einige unbestimmte Beiwerte eingehen, die sich dann aber leicht durch direktes Einsetzen in die Differenzengleichung und Vergleichung ihrer beiden Seiten auffinden lassen. Hat man einmal eine partikuläre Lösung gefunden, so ergibt sich die allgemeine Lösung, indem man zu dieser partikulären Lösung die allgemeine Lösung der zugehörigen homogenen Gleichung hinzufügt. Dies sei nun an einigen Beispielen erörtert:

1. Beispiel:
$$y_{v+1} - 5y_v + 6y_{v-1} = 3 + 5v.$$
Hier liegt es nahe, für y_v den Ansatz zu machen
$$y_v = av + b.$$
Durch Einsetzen erhält man
$$a(v+1) + b - 5(av + b) + 6[a(v-1) + b] = 3 + 5v,$$
also
$$2b - 5a = 3,$$
$$2a = 5,$$
$$a = \frac{5}{2}, \qquad b = \frac{31}{4};$$
die allgemeine Lösung der zugehörigen homogenen Gleichung lautet
$$\eta_v = C_1 3^v + C_2 2^v.$$
Somit lautet die allgemeine Lösung der gegebenen inhomogenen Gleichung
$$y_v = \frac{5}{2}v + \frac{31}{4} + C_1 3^v + C_2 2^v.$$

Hätten wir nun z. B. noch als Randbedingungen

$$y_0 = y_4 = 0$$

vorgeschrieben, so hätte man zur Bestimmung von C_1 und C_2 die Gleichungen

$$C_1 + C_2 = -\frac{31}{4},$$

$$81\,C_1 + 16\,C_2 = -\frac{71}{4},$$

also

$$C_1 = \frac{85}{52}, \qquad C_2 = -\frac{488}{52} = -\frac{122}{13},$$

somit erhält man

$$y_\nu = \frac{5}{2}\nu + \frac{31}{4} + \frac{85}{52}\,3^\nu - \frac{122}{13}\,2^\nu .$$

2. Beispiel.

$$y_{\nu-1} - 4\,y_\nu + y_{\nu+1} = 3\,\mathfrak{Cof}\,\nu\,\beta .$$

Hier liegt es nahe, um zunächst eine partikuläre Lösung zu erhalten, den Ansatz zu machen

$$y_\nu = A\,\mathfrak{Cof}\,\nu\,\beta .$$

Wegen

$$\mathfrak{Cof}\,(\nu+1)\,\beta + \mathfrak{Cof}\,(\nu-1)\,\beta = 2\,\mathfrak{Cof}\,\nu\,\beta\,\mathfrak{Cof}\,\beta$$

erhält man, wenn $\mathfrak{Cof}\,\beta \neq 2$ ist,

$$A = \frac{3}{2\,(\mathfrak{Cof}\,\beta - 2)} .$$

Die Lösung der zugehörigen homogenen Gleichung ergibt, wenn man für φ wieder den S. 7 angegebenen Wert annimmt,

$$\eta_\nu = C_1\,\mathfrak{Cof}\,\nu\,\varphi + C_2\,\mathfrak{Sin}\,\nu\,\varphi ,$$

und somit ergibt sich die Lösung der vorgegebenen inhomogenen Gleichung

$$y_\nu = \frac{3}{2\,(\mathfrak{Cof}\,\beta - 2)}\,\mathfrak{Cof}\,\nu\,\beta + C_1\,\mathfrak{Cof}\,\nu\,\varphi + C_2\,\mathfrak{Sin}\,\nu\,\varphi .$$

Den Ausnahmefall kann man aber auch hier leicht dadurch erledigen, daß man die vorgelegte inhomogene Differenzengleichung auf eine Differenzengleichung höherer Ordnung zurückführt.

Diese Zurückführung einer inhomogenen Differenzengleichung auf eine homogene erledigt sich allgemein ebenfalls in vollkommen analoger Weise wie bei Differentialgleichungen.

Sei allgemein

$$\sum_{\mu=0}^{\mu=m} a_\mu\, y_{\nu+\mu} = B_\nu$$

die vorgelegte Differenzengleichung, deren linke Seite wir kurz mit $D^m(y_\nu)$ bezeichnen wollen.

Nehmen wir ferner an, es genügen die Belastungszahlen selbst einer homogenen linearen Differenzengleichung von der Ordnung m' mit unveränderlichen Beiwerten

$$D^{m'}(B_\nu) = \sum_{\mu=0}^{\mu=m'} a'_\mu\, B_{\nu+\mu} = 0.$$

(Diese Annahme fällt praktisch damit zusammen, was wir in der Überschrift kurz einen einfachen analytischen Ausdruck nannten).

Dann muß y_ν auch der Differenzengleichung genügen:

$$D^{m'}\left(D^m(y_\nu)\right) = 0.$$

Hat man sie allgemein gelöst, so hat man dann noch durch passende Wahl der Konstanten dafür zu sorgen, daß die ursprüngliche Differenzengleichung erfüllt ist.

Als Beispiel betrachten wir den vorhin unerledigt gebliebenen Ausnahmefall

$$y_{\nu-1} - 4\,y_\nu + y_{\nu+1} = 3\,\mathfrak{Cof}\,\nu\beta, \qquad (\mathfrak{Cof}\,\beta = 2).$$

Hier genügt nun der Ausdruck rechts vom Gleichheitszeichen der Gleichung

$$B_{\nu-1} - 4\,B_\nu + B_{\nu+1} = 0.$$

(Es ist bei unserm Beispiel dies also dieselbe Gleichung wie die zugehörige homogene.) Es muß somit y_ν der homogenen Differenzengleichung

$$y_{\nu-2} - 8\,y_{\nu-1} + 18\,y_\nu - 8\,y_{\nu+1} + y_{\nu+2} = 0$$

genügen, deren charakteristische Gleichung zwei Doppelwurzeln hat.

Die allgemeine Lösung dieser Gleichung ist also:

$$y_\nu = C_1\,\mathfrak{Sin}\,\nu\varphi + C_2\,\mathfrak{Cof}\,\nu\varphi + C_3\,\nu\,\mathfrak{Sin}\,\nu\varphi + C_4\,\nu\,\mathfrak{Cof}\,\nu\varphi.$$

Soll nun y_ν der vorgegebenen Differenzengleichung genügen, so zeigt sich durch Einsetzen, daß

$$C_3 = \frac{3}{2\,\mathfrak{Sin}\,\varphi}, \qquad C_4 = 0.$$

Es ergibt sich also

$$y_\nu = \frac{3\,\nu\,\mathfrak{Sin}\,\nu\varphi}{2\,\mathfrak{Sin}\,\varphi} + C_1\,\mathfrak{Sin}\,\nu\varphi + C_2\,\mathfrak{Cof}\,\nu\varphi.$$

§ 4. Auflösung von Randwertaufgaben bei linearen inhomogenen Differenzengleichungen mit Benutzung der adjungierten Differenzengleichung.

Man multipliziere die einzelnen Gleichungen einer linearen homogenen Differenzengleichung

$$\sum_{\mu=0}^{\mu=m} a_{\nu,\mu}\,\eta_{\nu+\mu} = 0 \qquad\qquad \left(\begin{array}{l}\nu = 1, 2, \ldots, n \\ \mu = 0, 1, 2, \ldots, m\end{array}\right)$$

der Reihe nach mit den Faktoren $\zeta_1, \zeta_2, \ldots, \zeta_n$ und addiere sie dann. Hierauf ordne man die Summe so um, daß die Größen η_ν herausgehoben werden und als Faktoren von η_ν lineare Ausdrücke in den Ausdrücken ζ_ν erscheinen. Wir stellen uns vor, die Anzahl n der einzelnen angeschriebenen Gleichungen sei viel größer als m. Dann werden im allgemeinen (mit Ausnahme der m ersten und m letzten) die linearen Ausdrücke in den ζ_ν wieder $m+1$-gliedrig sein.

Man nennt sie die adjungierten Differenzenausdrücke (in bezug auf den Ausdruck links vom Gleichheitszeichen in der obigen Gleichung), und wenn man sie gleich Null setzt, erhält man die (zu der zugehörigen homogenen Differenzengleichung) adjungierte Differenzengleichung.

Z. B. Bei einer Differenzengleichung 2. Ordnung

$$a_\nu\eta_{\nu-1} + b_\nu\eta_\nu + c_\nu\eta_{\nu+1} = 0$$

erhält man[1]):

$$\sum_{\nu=1}^{\nu=n} \zeta_\nu\,(a_\nu\eta_{\nu-1} + b_\nu\eta_\nu + c_\nu\eta_{\nu+1}) = \sum_{\nu=2}^{\nu=n-1} \eta_\nu\,(c_{\nu-1}\zeta_{\nu-1} + b_\nu\zeta_\nu + a_{\nu+1}\zeta_{\nu+1})$$
$$+ a_1\eta_0\zeta_1 + b_1\eta_1\zeta_1 + a_2\eta_1\zeta_2$$
$$+ c_{n-1}\eta_n\zeta_{n-1} + b_n\eta_n\zeta_n + c_n\eta_{n+1}\zeta_n,$$

und somit lautet die adjungierte Differenzengleichung

$$c_{\nu-1}\zeta_{\nu-1} + b_\nu\zeta_\nu + a_{\nu+1}\zeta_{\nu+1} = 0. \qquad (\nu = 1, 2, \ldots, n)[2])$$

Oder bei einer Differenzengleichung 4. Ordnung von der Form

$$a_\nu\eta_{\nu-2} + b_\nu\eta_{\nu-1} + c_\nu\eta_\nu + d_\nu\eta_{\nu+1} + e_\nu\eta_{\nu+2} = 0$$

lautet die adjungierte Differenzengleichung

$$e_{\nu-2}\zeta_{\nu-2} + d_{\nu-1}\zeta_{\nu-1} + c_\nu\zeta_\nu + b_{\nu+1}\zeta_{\nu+1} + a_{\nu+2}\zeta_{\nu+2} = 0.$$
$$(\nu = 1, 2, \ldots, m)[2]).$$

---

[1]) Man könnte diese Formel „Greensche Formel" bei Differenzengleichungen bezeichnen; vgl. § 10.

[2]) Bei zweiter Ordnung hat man sich etwa c_0 und a_{n+1}, bei vierter Ordnung e_{-1}, e_0, d_0; a_{n+1}, a_{n+2}, b_{n+1} irgendwie willkürlich gewählt hinzugefügt zu denken.

Die Aufgabe, bei einer inhomogenen Differenzengleichung m^{ter} Ordnung eine Lösung zu finden, die durch gewisse Randbedingungen näher bestimmt ist, kann man nun stets durch Heranziehung zweckmäßig ausgewählter Lösungen der entsprechenden adjungierten Gleichung auf die schon früher besprochene, durch Rekursion unmittelbar lösbare Aufgabe zurückführen, wo die Lösung einer Differenzengleichung m^{ter} Ordnung durch die Werte von m unmittelbar aufeinanderfolgenden Unbekannten bestimmt ist.

Es seien z. B. bei einer inhomogenen Differenzengleichung 2. Ordnung die Randbedingungen gefordert

$$y_0 = y_{n+1} = 0.$$

Ausführlich geschrieben lauten dann die Gleichungen:

$$(10)\quad\left\{\begin{aligned}
b_1 y_1 + c_1 y_2 &\qquad\qquad\qquad = B_1,\\
a_2 y_1 + b_2 y_2 + c_2 y_3 &\qquad\qquad\quad = B_2,\\
\cdots\cdots\cdots&\cdots\cdots\cdots\cdots\\
a_{n-1} y_{n-2} + b_{n-1} y_{n-1} + c_{n-1} y_n &= B_{n-1},\\
a_n y_{n-1} + b_n y_n &= B_n.
\end{aligned}\right.$$

Nun bestimme man durch Rekursion eine Lösung $\zeta_\nu|_{0\alpha}$ für die zur homogenen Gleichung adjungierte Gleichung. Im Sinne der Verabredungen in § 1 bedeutet dies also eine solche Lösung der adjungierten Differenzengleichung, die noch der Nebenbedingung $\zeta_0 = 0$, $\zeta_1 = \alpha$ genügt, wobei α eine beliebige Zahl $(\neq 0)$ bedeuten möge. Multipliziert man dann die einzelnen Gleichungen der Reihe nach mit diesen Größen und addiert sie, so erhält man:

$$y_n\left(c_{n-1}\zeta_{n-1}|_{0\alpha} + b_n\zeta_n|_{0\alpha}\right) = \sum_{\nu=1}^{\nu=n} B_\nu \zeta_\nu|_{0\alpha}.$$

Hieraus kann man also zunächst y_n finden[1]) und kennt somit die Werte zweier aufeinanderfolgender Unbekannten (y_n und y_{n+1}) und kann dann die übrigen durch Rekursion im Sinne der abnehmenden ν ermitteln.

Ebenso hätte man natürlich auch durch Vermittlung einer Lösung $\zeta_\nu|^{0,\,\alpha}$ den Wert von y_1 ermitteln können und dann hätte man die übrigen y_ν durch Rekursion im Sinne der wachsenden ν zu berechnen.

Ähnlich hat man auch bei anderen Randbedingungen und bei Differenzengleichungen höherer Ordnung zu verfahren. Wir behandeln nur noch das Beispiel einer Differenzengleichung 4. Ordnung mit den Randbedingungen

$$y_{-1} = y_0 = y_{n+1} = y_{n+2} = 0.$$

---

[1]) Hier und im Folgenden wird die Auflösbarkeitsbedingung — wo nötig — als erfüllt vorausgesetzt.

In ausführlicher Schreibweise lauten die aufzulösenden Gleichungen:

$$(11) \quad \begin{cases} c_1 y_1 + d_1 y_2 + e_1 y_3 &= B_1, \\ b_2 y_1 + c_2 y_2 + d_2 y_3 + e_2 y_4 &= B_2, \\ a_3 y_1 + b_3 y_2 + c_3 y_3 + d_3 y_4 + e_3 y_5 &= B_3, \\ \cdots \cdots \cdots \cdots \cdots \cdots \cdots \cdots \cdots \cdots \cdots \\ a_{n-2} y_{n-4} + b_{n-2} y_{n-3} + c_{n-2} y_{n-2} + d_{n-2} y_{n-1} + e_{n-2} y_n = B_{n-2}, \\ a_{n-1} y_{n-3} + b_{n-1} y_{n-2} + c_{n-1} y_{n-1} + d_{n-1} y_n = B_{n-1}, \\ a_n y_{n-2} + b_n y_{n-1} + c_n y_n = B_n. \end{cases}$$

Wir multiplizieren die Gleichungen der Reihe nach mit jenen Werten einer Lösung der adjungierten Gleichung, die wir nach unseren Verabredungen mit $\zeta_\nu|_{0,0,0,\alpha}$ zu bezeichnen haben (also $\zeta_{-1} = \zeta_0 = \zeta_1 = 0$, $\zeta_2 = \alpha$) und bilden die Summe von allen Gleichungen. Es ergibt sich:

$$y_{n-1}\left(e_{n-3}\zeta_{n-3}|_{0,0,0,\alpha} + d_{n-2}\zeta_{n-2}|_{0,0,0,\alpha} + c_{n-1}\zeta_{n-1}|_{0,0,0,\alpha} + b_n\zeta_n|_{0,0,0,\alpha}\right)$$
$$+ y_n\left(e_{n-2}\zeta_{n-2}|_{0,0,0,\alpha} + d_{n-1}\zeta_{n-1}|_{0,0,0,\alpha} + c_n\zeta_n|_{0,0,0,\alpha}\right)$$
$$= \sum_{\nu=1}^{\nu=n} B_\nu \zeta_\nu|_{0,0,0,\alpha}.$$

Hierauf verfahren wir ebenso mit der Lösung $\zeta_\nu|_{0,0,\alpha',0}$ und erhalten:

$$y_{n-1}\left(e_{n-3}\zeta_{n-3}|_{0,0,\alpha',0} + d_{n-2}\zeta_{n-2}|_{0,0,\alpha',0} + c_{n-1}\zeta_{n-1}|_{0,0,\alpha',0} + b_n\zeta_n|_{0,0,\alpha',0}\right)$$
$$+ y_n\left(e_{n-2}\zeta_{n-2}|_{0,0,\alpha',0} + d_{n-1}\zeta_{n-1}|_{0,0,\alpha',0} + c_n\zeta_n|_{0,0,\alpha'.0}\right)$$
$$= \sum_{\nu=1}^{\nu=n} B_\nu \zeta_\nu|_{0,0,\alpha',0}.$$

Aus diesen beiden Gleichungen müssen nun y_{n-1} und y_n berechnet werden, so daß man die Werte von vier aufeinanderfolgenden Unbekannten (nämlich y_{n+2}, y_{n+1}, y_n, y_{n-1}) kennt und somit die übrigen wieder durch Rekursion ermitteln kann.

In den Anwendungen kommen wohl fast ausschließlich Gleichungen vor, bei denen die Matrix der Beiwerte „symmetrisch" ist, das sind solche, bei denen der Beiwert vom $y_\varkappa$ in der ν^{ten} Zeile gleich dem Beiwert vom y_ν in der $\varkappa^{\text{ten}}$ Zeile ist. Es hängt dies damit zusammen, daß man die Gleichungen meist aus der Bedingung herleiten kann, daß diejenigen Werte der Veränderlichen y_ν gesucht werden sollen, für die eine Funktion 2. Grades in y_ν den kleinsten Wert annimmt. Bei den durch Nullsetzen der Ableitungen abgeleiteten Gleichungen tritt ja der Beiwert von $y_\nu y_\varkappa$ zweimal auf, das eine Mal bei der Differentiation nach y_ν als Beiwert von $y_\varkappa$, das andere Mal bei der Differentiation nach $y_\varkappa$ als Beiwert von y_ν. Wenn diese Symmetriebedingung erfüllt ist, so ist die adjungierte Differenzengleichung mit der ursprünglichen identisch. Man sagt, die

Differenzengleichung ist sich selbst adjungiert. Bei den nun folgenden Auflösungsarten I uud II setzen wir stets diese Symmetriebedingung als erfüllt voraus.

In unserer Schreibweise lautet die Symmetriebedingung für Differenzengleichungen 2. Ordnung

$$c_{\nu-1} = a_\nu,$$

für Differenzengleichungen 4. Ordnung:

$$e_{\nu-2} = a_\nu \quad d_{\nu-1} = b_\nu.$$

Bei Differenzengleichungen 2. Ordnung läßt sich stets diese Symmetriebedingung herstellen, indem man die einzelnen Gleichungen mit geeigneten Faktoren multipliziert, und zwar etwa der Reihe nach die erste mit 1, die zweite mit $\dfrac{c_1}{a_2}$, die 3. mit $\dfrac{c_1\,c_2}{a_2\,a_3}$, die vierte $\dfrac{c_1\,c_2\,c_3}{a_2\,a_3\,a_4}$ usw.

§ 5. Auflösung von Randwertaufgaben in besonderen Fällen.

I. Häufig kommt es in der Baumechanik vor, daß man lineare Differenzengleichungen aufzulösen hat, die sich nur durch die Verschiedenheit der Belastungszahlen voneinander unterscheiden, bei denen also die linken Seiten der Gleichungen übereinstimmen. Es trifft das u. a. dann zu, wenn man Tragkonstruktionen für verschiedene Arten der Belastung zu untersuchen hat. In solchen Fällen wird man zunächst alle diejenigen Werte $y_\nu^{(\varkappa)}$ ermitteln, die den Randbedingungen und jener Differenzengleichung genügen, die aus den vorgelegten dadurch hervorgeht, daß man alle Belastungszahlen mit Ausnahme der $\varkappa^{\text{ten}}$ durch Null, die $\varkappa^{\text{te}}$ selbst aber durch 1 ersetzt. Die Größen $y_\nu^{(\varkappa)}$ bilden die sogenannte reziproke Matrix der vorgelegten Gleichungen, d. h. $y_\nu^{(\varkappa)}$ ist ein Bruch, dessen Nenner die Determinante der Beiwerte ist, und dessen Zähler die der $\varkappa^{\text{ten}}$ Zeile und ν^{ten} Reihe entsprechende Unterdeterminante ist. Aus der Voraussetzung der Symmetrie für die ursprüngliche Matrix folgt die Symmetrie der reziproken Matrix.

Hat man diese Größen ermittelt, so ergibt sich das zu irgendeiner Reihe von Belastungszahlen B_ν gehörige y_ν durch die Formel

$$y_\nu = \sum_{\varkappa=1}^{\varkappa=n} y_\nu^{(\varkappa)}\, B_\varkappa. \quad \text{(Superpositionsgesetz)}.$$

Zur Berechnung der einzelnen Größen $y_\nu^{(\varkappa)}$ könnte die in § 4 erörterte Art der Auflösung herangezogen werden. Wir wollen jedoch einen etwas davon verschiedenen Weg einschlagen. Wir führen die

Überlegung am obigen Beisp. der Differenzengleichung 2. Ordnung durch. Denken wir uns in den Gleichungen (10) die B_ν alle mit Ausnahme vom $\varkappa^{\text{ten}}$ durch Null ersetzt und nehmen $B_\varkappa = 1$, dann stellen die ersten $\varkappa - 1$ Gleichungen für sich allein genommen ein homogenes Gleichungssystem mit den Unbekannten $y_0, y_1, \ldots, y_\varkappa$ vor und ebenso sind die letzten $n - \varkappa$ Gleichungen wieder für sich genommen ein homogenes Gleichungssystem mit den Unbekannten $y_\varkappa, y_{\varkappa+1}, \ldots, y_{n+1}$. Daher haben wir unter Berücksichtigung der Randbedingungen für die $y_\nu^{(\varkappa)}$ den Ansatz zu machen:

$$\text{für} \quad \nu \leqq \varkappa : y_\nu^{(\varkappa)} = C_\varkappa\, \eta_\nu\big|_{0,\,a},$$

$$\text{für} \quad \nu \geqq \varkappa : y_\nu^{(\varkappa)} = \overline{C}_\varkappa\, \eta_\nu\big|^{0,\,a'}.$$

Die Größen $C_\varkappa$ und $\overline{C}_\varkappa$ unterliegen zwei Bedingungen: 1. Es müssen die beiden Ansätze für $y_\varkappa^{(\varkappa)}$ übereinstimmen. 2. Es muß die $\varkappa^{\text{te}}$ Gleichung unseres Gleichungssystems erfüllt sein:

$$C_\varkappa \eta_\varkappa\big|_{0,\,a} = \overline{C}_\varkappa \eta_\varkappa\big|^{0,\,a'},$$

$$C_\varkappa \left(a_\varkappa\, \eta_{\varkappa-1}\big|_{0,\,a} + \frac{b_\varkappa}{2}\, \eta_\varkappa\big|_{0,\,a} \right) + \overline{C}_\varkappa \left(\frac{b_\varkappa}{2}\, \eta_\varkappa\big|^{0,\,a'} + c_\varkappa \eta_{\varkappa+1}\big|^{0,\,a'} \right) = 1.$$

Somit ergibt sich nach Auflösen dieser Gleichungen nach $C_\varkappa$ und $\overline{C}_\varkappa$ und Einsetzen in den Ansatz für $y_\nu^{(\varkappa)}$:

$$(12) \quad \begin{cases} \text{für } \nu \leqq \varkappa:\ y_\nu^{(\varkappa)} = \dfrac{\eta_\nu\big|_{0,\,a} \cdot \eta_\varkappa\big|^{0,\,a'}}{a_\varkappa \eta_{\varkappa-1}\big|_{0,\,a}\, \eta_\varkappa\big|^{0,\,a'} + b_\varkappa \eta_\varkappa\big|_{0,\,a}\, \eta_\varkappa\big|^{0,\,a'} + c_\varkappa \eta_{\varkappa+1}\big|^{0,\,a'}\, \eta_\varkappa\big|_{0,\,a}}, \\[2.5em] \text{für } \nu \geqq \varkappa:\ y_\nu^{(\varkappa)} = \dfrac{\eta_\nu\big|^{0,\,a'} \cdot \eta_\varkappa\big|_{0,\,a}}{a_\varkappa \eta_{\varkappa-1}\big|_{0,\,a}\, \eta_\varkappa\big|^{0,\,a'} + b_\varkappa \eta_\varkappa\big|_{0,\,a}\, \eta_\varkappa\big|^{0,\,a'} + c_\varkappa \eta_{\varkappa+1}\big|^{0,\,a'}\, \eta_\varkappa\big|_{0,\,a}}. \end{cases}$$

Der Nenner der beiden zuletzt angeschriebenen Brüche hat nun für alle Werte von $\varkappa$ denselben Wert. Dies ist schon aus dem Umstand zu entnehmen, daß in $y_\nu^{(\varkappa)}$ die Zeiger ν und $\varkappa$ wegen der Symmetriebedingung offenbar in gleicher Weise zur Geltung kommen müssen. Durch direkte Rechnung kann man diese Tatsache leicht bestätigen, entweder indem man zur Berechnung von $y_\nu^{(\varkappa)}$ die in § 4 beschriebene Auflösungsart anwendet oder indem man die im Nenner stehende Formel für zwei aufeinanderfolgende Werte von $\varkappa$ anschreibt und dann unter Berücksichtigung der Symmetriebedingung für die Beiwerte der beiden Formeln vergleicht. Zur wirklichen Berechnung eignen sich im allgemeinen jene Formeln am besten, die man erhält, wenn man $\varkappa$ entweder gleich 1 oder gleich n setzt, weil sich für diese beiden Fälle der Ausdruck im Nenner bloß als ein zweigliedriger erweist. Um eine Rechenprobe zu erhalten, wird es vielleicht gut sein, beides zu rechnen. Bei Zahlenrechnung wird man $\alpha = \alpha' = 1$ wählen.

Der allgemeine Ausdruck im Nenner der Formeln (12) könnte unter Umständen auch für die numerische Rechnung in Betracht kommen; nämlich dann, wenn nur einige von den mittleren B_ν von Null verschieden sind. In diesem Fall könnte man dadurch, daß man den Nenner für ein mittleres $\varkappa$ ausrechnet, an Rekursionsrechnung ersparen.

Als Beispiele betrachten wir:

1. Beispiel:

$$y_{\nu-1} - 2\,y_\nu + y_{\nu+1} = B_\nu, \qquad y_0 = y_{n+1} = 0.$$

Es ergibt sich:

$$\eta_\nu|_{01} = \nu, \qquad \eta_\nu|^{01} = n + 1 - \nu,$$

und somit:

$$\text{für } \nu \leqq \varkappa \quad y_\nu^{(\varkappa)} = \frac{\nu\,(n+1-\varkappa)}{-(n+1)},$$

$$\text{für } \nu \geqq \varkappa \quad y_\nu^{(\varkappa)} = \frac{(n+1-\nu)\,\varkappa}{-(n+1)}.$$

2. Beispiel:

$$y_{\nu-1} + 2\,\mathfrak{Cof}\,\varphi\,y_\nu + y_{\nu+1} = B_\nu.$$

Indem wir

$$a = a' = -\,\mathfrak{Sin}\,\varphi$$

setzen, erhalten wir

$$\eta_\nu|_{0,\,a} = (-1)^\nu\,\mathfrak{Sin}\,\nu\varphi, \qquad \eta_\nu|^{0,\,a} = (-1)^{n+1-\nu}\,\mathfrak{Sin}\,(n+1-\nu)\,\varphi,$$

und somit:

$$\text{für } \nu \leqq \varkappa \quad y_\nu^{(\varkappa)} = \frac{(-1)^{\nu+\varkappa}\,\mathfrak{Sin}\,\nu\varphi\,\mathfrak{Sin}\,(n+1-\varkappa)\,\varphi}{\mathfrak{Sin}\,\varphi\,\mathfrak{Sin}\,(n+1)\,\varphi},$$

$$\text{für } \nu \geqq \varkappa \quad y_\nu^{(\varkappa)} = \frac{(-1)^{\nu+\varkappa}\,\mathfrak{Sin}\,(n+1-\nu)\,\varphi\,\mathfrak{Sin}\,\varkappa\varphi}{\mathfrak{Sin}\,\varphi\,\mathfrak{Sin}\,(n+1)\,\varphi}.$$

In ähnlicher Weise lassen sich auch Differenzengleichungen vierter und höherer Ordnung behandeln. Wir beschränken uns auf den Fall, einer sich selbst adjungierten Differenzengleichung vierter Ordnung. Wir betrachten das durch (11) dargestellte Gleichungssystem und machen dabei also die Annahme

$$e_{\nu-2} = a_\nu, \qquad d_{\nu-1} = b_\nu.$$

Um nun also in derselben Weise wie vorhin die Größen $y_\nu^{(\varkappa)}$ (die sogenannte reziproke Matrix) zu bilden, hat man also für $\nu \neq \varkappa$ $B_\nu = 0$, $B_\varkappa = 1$ zu nehmen. Das aus den ersten $\varkappa - 1$ homogenen Gleichungen bestehende System enthält die Veränderlichen y_{-1}, y_0, ..., $y_{\varkappa+1}$, das aus den letzten $n - \varkappa$ homogenen Gleichungen bestehende System enthält die Veränderlichen $y_{\varkappa-1}, \ldots, y_{n+2}$. Somit hat man offenbar für die $y_\nu^{(\varkappa)}$ den Ansatz zu machen:

$$\text{für } \nu \leqq \varkappa + 1: \; y_\nu^{(\varkappa)} = C_1^{(\varkappa)} \, \eta_\nu \big|_{0,0,0,\,a} + C_2^{(\varkappa)} \, \eta_\nu \big|_{0,0,\,a',\,0},$$

$$\text{für } \nu \geqq \varkappa - 1: \; y_\nu^{(\varkappa)} = C_3^{(\varkappa)} \, \eta_\nu \big|^{0,0,0,\,a''} + C_4^{(\varkappa)} \, \eta_\nu \big|^{0,0,\,a''',\,0}.$$

Zur Berechnung der Größen C hat man 4 Gleichungen aufzulösen. Die drei ersten drücken die Identität der beiden Ansätze für $y_{\varkappa-1}^{(\varkappa)}$, für $y_\varkappa^{(\varkappa)}$ und für $y_{\varkappa+1}^{(\varkappa)}$ aus und die vierte ist gegeben durch die $\varkappa^{\text{te}}$ Gleichung des aufzulösenden Gleichungssystems.

II. Wir betrachten nun wieder den Fall 2. Ordnung. Das Verfahren, das wir jetzt besprechen wollen, kommt dort zur Geltung, wo in den Gleichungen nur zwei aufeinanderfolgende Werte der Belastungszahlen, etwa $B_\varkappa$ und $B_{\varkappa+1}$, von Null verschieden sind. Dabei beschränken wir unsere Ausführungen auf Gleichungssysteme 2. Ordnung mit der Randbedingung $y_0 = y_{n+1} = 0$, also Gleichungen von der Form (10). Ferner nehmen wir wieder die Symmetriebedingung für die Matrix der Beiwerte als erfüllt an. Wir berechnen zunächst bei beliebig gewählten α und α' — in der Regel wird man $\alpha = \alpha' = 1$ wählen — für $\nu \leqq \varkappa + 1$ die Größen $\eta_\nu \big|_{0,\,a}$ und für $\nu \geqq \varkappa$ die Größen $\eta_\nu \big|^{0,\,a'}$.

Nun multiplizieren wir die ersten $\varkappa$ Gleichungen der Reihe nach mit $\eta_\nu \big|_{0,\,a}$ und addieren sie. Ferner multiplizieren wir die letzten $n - \varkappa$ Gleichungen mit $\eta_\nu \big|^{0,\,a'}$ und addieren sie ebenfalls. Auf diese Weise erhalten wir unter Berücksichtigung der Gleichung für die Größen η_ν und der Symmetriebedingung für die Beiwerte

$$- c_\varkappa \eta_{\varkappa+1} \big|_{0,\,a} \, y_\varkappa + c_\varkappa \eta_\varkappa \big|_{0,\,a} \, y_{\varkappa+1} = B_\varkappa \, \eta_\varkappa \big|_{0,\,a},$$

$$c_\varkappa \eta_{\varkappa+1} \big|^{0,\,a'} \, y_\varkappa - c_\varkappa \eta_\varkappa \big|^{0,\,a'} \, y_{\varkappa+1} = B_{\varkappa+1} \, \eta_{\varkappa+1} \big|^{0,\,a'}.$$

Aus diesen beiden Gleichungen kann $y_\varkappa$ und $y_{\varkappa+1}$ berechnet werden. Da bei unserer Annahme über die $B_\varkappa$ die ersten $\varkappa - 1$ Gleichungen und ebenso die $n - \varkappa - 1$ letzten Gleichungen für sich genommen homogene Systeme darstellen, so hat man die y_ν für $\nu \leqq \varkappa$ proportional $\eta_\nu \big|_{0,\,a}$, für $\nu \geqq \varkappa + 1$ proportional $\eta_\nu \big|^{0,\,a'}$ anzusetzen und da wir andererseits $y_\varkappa$ bzw. $y_{\varkappa+1}$ kennen, ergibt sich:

$$\text{für } \nu \leqq \varkappa: \qquad y_\nu = \eta_\nu \big|_{0,\,a} \, \frac{y_\varkappa}{\eta_\varkappa \big|_{0,\,a}},$$

$$\text{für } \nu \geqq \varkappa + 1: \; y_\nu = \eta_\nu \big|^{0,\,a'} \, \frac{y_{\varkappa+1}}{\eta_{\varkappa+1} \big|^{0,\,a'}}.$$

Zum Schluß noch eine kleine Bemerkung: Die Randbedingungen $y_0 = y_{n+1} = 0$ bei zweiter Ordnung bzw. die Randbedingungen $y_{-1} = y_0 = y_n = y_{n+1} = 0$ bei vierter Ordnung sind keineswegs so eng als es vielleicht auf den ersten Blick scheinen mag. Liegt z. B.

bei zweiter Ordnung eine „Randbedingung" von der Form $y_0 + k y_1 = 0$ vor, so kann man diese Gleichung als „erste Gleichung" von der allgemeinen Form auffassen, wobei $y_{-1} = 0$ als Randbedingung zu denken wäre, so daß man hier durch Erhöhung der Nummern um 1 die Randbedingung in der behandelten Form gewinnt. Namentlich dann, wenn man die einzelnen Gleichungen aus einer Minimumbedingung für eine Funktion zweiten Grades gewinnt, wird man leicht erkennen, ob eine derartige Auffassung möglich ist. Beispiele mit wesentlich anderen Randbedingungen bieten Bauwerke, bei denen sich die einzelnen Teile zyklisch aneinander schließen[1]).

II. Abschnitt.

Über Systeme von Differenzengleichungen mit mehreren Reihen von Unbekannten.

§ 6. Zurückführung eines Systems von linearen Differenzengleichungen auf eine einzige Differenzengleichung.

Die folgenden Überlegungen, die wir für drei Reihen von Veränderlichen durchführen, lassen sich ohne weiteres auf beliebig viele Reihen von Veränderlichen übertragen. Es handelt sich um ein Gleichungssystem von der folgenden Bauart:

$$\left.\begin{aligned}
\sum_{\mu=0}^{\mu=m} a_{\nu,\mu}\, x_{\nu+\mu} + \sum_{\mu=0}^{\mu=\overline{m}} b_{\nu,\mu}\, y_{\nu+\mu} + \sum_{\mu=0}^{\mu=\overline{\overline{m}}} c_{\nu,\mu}\, z_{\nu+\mu} &= B_\nu, \\[1ex]
\sum_{\mu=0}^{\mu=m} a'_{\nu,\mu}\, x_{\nu+\mu} + \sum_{\mu=0}^{\mu=\overline{m}} b'_{\nu,\mu}\, y_{\nu+\mu} + \sum_{\mu=0}^{\mu=\overline{\overline{m}}} c'_{\nu,\mu}\, z_{\nu+\mu} &= B'_\nu, \\[1ex]
\sum_{\mu=0}^{\mu=m} a''_{\nu,\mu}\, x_{\nu+\mu} + \sum_{\mu=0}^{\mu=\overline{m}} b''_{\nu,\mu}\, y_{\nu+\mu} + \sum_{\mu=0}^{\mu=\overline{\overline{m}}} c''_{\nu,\mu}\, z_{\nu+\mu} &= B''_\nu.
\end{aligned}\right\} \quad (\nu = 1, 2, \ldots n).$$

Wir wollen uns überlegen, daß sich aus diesem System von Differenzengleichungen, das in den x_ν von der Ordnung m, in den y_ν von der Ordnung $\overline{m}$ und in den z_ν von der Ordnung $\overline{\overline{m}}$ ist, eine einzige Differenzengleichung herstellen läßt, die nur die x_ν enthält und in diesen Veränderlichen im allgemeinen höchstens von der Ordnung $m + \overline{m} + \overline{\overline{m}}$ ist. Zunächst denken wir uns das obige Gleichungssystem nach $x_{\nu+m}$, $y_{\nu+\overline{m}}$, $z_{\nu+\overline{\overline{m}}}$ aufgelöst. (Die entsprechende Determinantenbedingung nehmen wir stets als erfüllt an.) Die Ausdrücke, denen $x_{\nu+m}$, $y_{\nu+\overline{m}}$, $z_{\nu+\overline{\overline{m}}}$ gleichgesetzt sind, enthalten also

---

[1]) Vgl. z. B. die im Anhang zum III. Teil genannte Arbeit über Führungsgerüste bei Gasbehältern.

nur noch die Veränderlichen $x_\nu, x_{\nu+1}, \ldots, x_{\nu+m-1}; y_\nu, y_{\nu+1}, \ldots, y_{\nu+\overline{m}-1};$ $z_\nu, z_{\nu+1}, \ldots, z_{\nu+\overline{\overline{m}}-1}.$

Hierauf ersetzen wir im Ausdruck' für $x_{\nu+m}$ den Zeiger ν durch $\nu+1$ und auf der rechten Seite der so entstehenden Gleichung $y_{\nu+\overline{m}}, z_{\nu+\overline{m}}$ durch die soeben gefundenen Ausdrücke. Auf diese Weise entsteht ein Ausdruck für $x_{\nu+m+1}$, der von den Veränderlichen y nur $y_\nu, y_{\nu+1}, \ldots, y_{\nu+\overline{m}-1}$ und von den z nur $z_\nu, z_{\nu+1}, \ldots,$ $z_{\nu+\overline{\overline{m}}-1}$ enthält. In diesem Ausdruck ersetzen wir wieder den Zeiger ν durch $\nu+1$, erhalten somit einen Ausdruck für $x_{\nu+m+2}$ und darin ersetzen wir abermals $y_{\nu+\overline{m}}$ und $z_{\nu+\overline{m}}$ durch die gefundenen Ausdrücke. Der Ausdruck für $x_{\nu+m+2}$ enthält dann somit die Veränderlichen

$$x_\nu, x_{\nu+1}, \ldots, x_{\nu+m+1}; \quad y_\nu, y_{\nu+1}, \ldots, y_{\nu+\overline{m}-1}; \quad z_\nu, z_{\nu+1}, \ldots, z_{\nu+\overline{\overline{m}}-1}.$$

Das Verfahren setzen wir fort, bis wir für $x_{\nu+m}, x_{\nu+m+1}, \ldots, x_{\nu+m+\overline{m}+\overline{\overline{m}}}$ Ausdrücke bekommen, die .von den Größen y immer nur $y_\nu, y_{\nu+1},$ $\ldots, y_{\nu+\overline{m}-1}$ und von den z nur $z_\nu, z_{\nu+1}, \ldots, z_{\nu+\overline{\overline{m}}-1}$ enthalten und aus diesen so zustande gekommenen $\overline{m}+\overline{\overline{m}}+1$ Gleichungen wären die $\overline{m}+\overline{\overline{m}}$ Größen y und z zu eliminieren.

Nach Berechnung der x_ν ergeben sich dann unmittelbar aus den ursprünglichen Gleichungen die y_ν und z_ν.

§ 7. Unmittelbare Behandlung der Systeme von Differenzengleichungen.

Bei linearen Differenzengleichungen mit unveränderlichen Beiwerten wird man insbesondere dann, wenn die Belastungszahlen ebenfalls vom ν unabhängig sind oder im Sinne von Seite 11 ein einfaches analytisches Gesetz befolgen, einen kürzeren und übersichtlicheren Weg einschlagen.

Um nicht durch. schwerfällige Allgemeinheit in überflüssiger Weise zu ermüden, begenügen wir uns mit der Behandlung eines numerischen Beispieles von einem System mit zwei Reihen von Veränderlichen y_ν und z_ν, wo allerdings auch noch der oben angedeutete Rechnungsgang leicht ohne Mühe durchführbar wäre:

$$y_{\nu+1} - 2\,y_\nu + 3\,z_\nu = 1,$$
$$z_{\nu+1} - y_\nu - 6\,z_\nu = 2.$$

Ein partikuläres Lösungssystem ist offenbar von ν unabhängig:

$$y_\nu = -\tfrac{11}{8}, \qquad z_\nu = -\tfrac{1}{8}.$$

Setzen wir also

$$y_\nu = -\tfrac{11}{8} + \eta_\nu, \qquad z_\nu = -\tfrac{1}{8} + \zeta_\nu,$$

so genügen η_ν und ζ_ν dem zugehörigen System homogener Gleichungen:

$$\eta_{\nu+1} = 2\,\eta_\nu - 3\,\zeta_\nu,$$
$$\zeta_{\nu+1} = \eta_\nu + 6\,\zeta_\nu.$$

Zur Auflösung machen wir den Ansatz:

$$\eta_\nu = A\,r^\nu, \qquad \zeta_\nu = B\,r^\nu,$$

und erhalten nach Kürzen durch r^ν:

$$(2 - r)\,A - 3\,B = 0,$$
$$A + (6 - r)\,B = 0.$$

Sollen diese Gleichungen ein von Null verschiedenes Lösungssystem A, B besitzen, so muß die „charakteristische Gleichung erfüllt" sein:

$$\begin{vmatrix} 2 - r, & -3 \\ 1 & 6 - r \end{vmatrix} = r^2 - 8\,r + 15 = 0,$$

und somit:

$$r_1 = 3, \qquad r_2 = 5.$$

Seien C_1 bzw. C_2 willkürliche Konstanten und setzen wir entsprechend dem Wert von r_1

$$A = C_1,$$

so wird

$$B = -\tfrac{1}{3} C_1.$$

Setzen wir entsprechend dem Wert von r_2

$$A = C_2,$$

so wird

$$B = -C_2.$$

Also lautet die allgemeine Lösung:

$$y_\nu = -\tfrac{11}{8} + C_1\,3^\nu + C_2\,5^\nu, \qquad z_\nu = -\tfrac{1}{8} - \tfrac{1}{3} C_1\,3^\nu - C_2\,5^\nu.$$

Liegt ein System von mehreren Differenzengleichungen höherer Ordnung vor, so braucht man bloß die Schreibweise abzuändern, um daraus ein System von Differenzengleichungen erster Ordnung zu erhalten. Um dies zu zeigen, begnügen wir uns mit dem Beispiele eines Systems von zwei Differenzengleichungen 2. Ordnung von der Form:

$$\varphi\,(y_{\nu+2},\ y_{\nu+1},\ y_\nu,\ z_{\nu+2},\ z_{\nu+1},\ z_\nu) = 0,$$
$$\psi\,(y_{\nu+2},\ y_{\nu+1},\ y_\nu,\ z_{\nu+2},\ z_{\nu+1},\ z_\nu) = 0.$$

Hier hat man bloß für $y_{\nu+1}$ eine neue Bezeichnung, etwa u_ν, und für $z_{\nu+1}$ etwa v_ν einzuführen, und man erhält ein System von vier Differenzengleichungen 1. Ordnung:

$$\varphi\,(u_{\nu+1},\ u_\nu,\ y_\nu,\ v_{\nu+1},\ v_\nu,\ z_\nu) = 0,$$
$$\psi\,(u_{\nu+1},\ u_\nu,\ y_\nu,\ v_{\nu+1},\ v_\nu,\ z_\nu) = 0,$$
$$u_\nu - y_{\nu+1} \qquad\qquad = 0,$$
$$v_\nu - z_{\nu+1} \qquad\qquad = 0.$$

Man kann sich also grundsätzlich auf die Betrachtung von Systemen von Differenzengleichungen 1. Ordnung beschränken.

Besondere Beachtung verdient noch der Fall, daß bei einem System von Differenzengleichungen mit unveränderlichen Beiwerten für die daraus entspringende charakteristische Gleichung eine oder mehrere Wurzeln mit Null zusammenfallen. Sei

$$y_{\nu+1}^{(i)} = \sum_{\varkappa=1}^{\varkappa=m} a_{i\varkappa}\, y_{\nu}^{(\varkappa)} \qquad (i = 1, 2, \ldots, m)$$

das aufzulösende System von Differenzengleichungen, dann lautet die charakteristische Gleichung

$$\begin{vmatrix} a_{11} - r & a_{12} & \cdot & \cdot & \cdot & a_{1\,m} \\ a_{21} & a_{22} - r & \cdot & \cdot & \cdot & a_{2\,m} \\ \cdot & \cdot & \cdot & \cdot & \cdot & \cdot \\ a_{m1} & a_{m2} & \cdot & \cdot & \cdot & a_{m\,m} - r \end{vmatrix} = 0.$$

Soll eine Wurzel dieser charakteristischen Gleichung verschwinden, so muß

$$D = \begin{vmatrix} a_{11} & \cdot & \cdot & \cdot & \cdot & a_{1\,m} \\ \cdot & \cdot & \cdot & \cdot & \cdot & \cdot \\ a_{m1} & \cdot & \cdot & \cdot & \cdot & a_{m\,m} \end{vmatrix} = 0$$

sein; dann lassen sich aber immer m Zahlen $\lambda_1, \lambda_2, \ldots, \lambda_m$ angeben, von denen wenigstens eine von Null verschieden ist, so daß für alle $\varkappa$

$$\sum_{i=1}^{i=m} a_{i\varkappa}\, \lambda_i = 0$$

ist. Indem wir nun im aufzulösenden System die i^{te} Gleichung mit λ_i multiplizieren und dann addieren, erhalten wir:

$$\sum_{i=1}^{i=m} y_{\nu+1}^{(i)}\, \lambda_i = 0.$$

Ohne Schädigung der Allgemeinheit können wir annehmen, es sei $\lambda_m \neq 0$, denn das läßt sich stets durch passende Numerierung erreichen, da ja nicht alle λ_i verschwinden. Somit können wir infolge der letzten Gleichung, wenn wir darin noch $\nu + 1$ durch ν ersetzen, $y_\nu^{(m)}$ durch die übrigen $y_\nu^{(i)}$ ausdrücken,

$$y_\nu^{(m)} = -\frac{1}{\lambda_m} \sum_{\varkappa=1}^{\varkappa=m-1} \lambda_\varkappa\, y_\nu^{(\varkappa)}$$

und man erhält statt des ursprünglichen Systems mit m Reihen von Veränderlichen ein System mit $m - 1$ Reihen von Veränderlichen von der Form:

$$y_{\nu+1}^{(i)} = \sum_{\varkappa=1}^{\varkappa=m-1} \left(a_{i\varkappa} - \frac{\lambda_\varkappa}{\lambda_m} \right) y_\nu^{(\varkappa)} \qquad (i = 1, 2, \ldots, m - 1).$$

Falls für das neue System wieder eine Wurzel der charakteristischen Gleichung gleich Null wäre, ließe sich dieses neue System in derselben

Weise auf ein System von Differenzengleichungen mit nur $m-2$ Reihen von Veränderlichen zurückführen. Wie wir nur beiläufig ohne Beweis erwähnen wollen, tritt dieser Fall dann ein, wenn in der ursprünglichen charakteristischen Gleichung, mindestens eine zweifache Wurzel mit Null zusammenfällt, was damit identisch ist, daß nicht nur die Determinante D, sondern mindestens auch alle ihre $m-1$-reihigen Unterdeterminanten verschwinden. Allgemein gilt folgender Satz, auf dessen Beweis wir jedoch nicht näher eingehen wollen: Ein solches System von Differenzengleichungen mit unveränderlichen Beiwerten mit m Reihen von Veränderlichen läßt sich dann und nur dann auf ein System mit $m-k$ und nicht weniger Reihen von Veränderlichen zurückführen, wenn alle $m-k+1$-reihigen, aber nicht alle $m-k$-reihigen Unterdeterminanten von D verschwinden.

Im allgemeinen wird bei einer praktisch vorliegenden Aufgabe durch zweckmäßige Wahl der Veränderlichen (oder indem man statt der ursprünglichen Veränderlichen zweckmäßig ausgewählte lineare Kombinationen davon einführt) wohl stets erreicht werden können, daß für das aufzulösende System $D \neq 0$ ist.

Die Anzahl der von Null verschiedenen Wurzeln der charakteristischen Gleichnng stimmt mit der Anzahl der in der allgemeinen Lösung auftretenden „willkürlichen" Konstanten überein. Sie muß somit, wenn die Aufgabe vollständig formuliert ist, auch mit der Anzahl der Randbedingungen übereinstimmen. Bei einem praktisch vorliegenden Fall wird man es sich zunächst immer überlegen, wie groß die Anzahl der Randbedingungen ist, was meist unmittelbar einleuchtend sein wird. Daraus kann man auf die Anzahl der von Null verschiedenen Wurzeln der charakteristischen Gleichung schließen. (Vgl. die Überlegungen über die Wahl statisch unbestimmter Größen beim Rahmenträger S. 76 u. 77.)

III. Abschnitt.

Näherungsmethoden.

§ 8. Das Iterationsverfahren.

Dieses Verfahren wird nicht bloß bei Differenzengleichungen angewendet, sondern allgemein, bei solchen linearen Gleichungen

$$(13) \qquad \sum_{\varkappa=1}^{\varkappa=n} a_{i\varkappa} x_\varkappa = b_\varkappa, \qquad (i = 1, 2 \ldots n)$$

bei denen die Größen $|a_{\varkappa\varkappa}|$ bedeutend größer sind als die übrigen $|a_{i\varkappa}|$.

Nach Division durch $a_{\varkappa\varkappa}$ können wir die Gleichungen auf die Form bringen:

$$(13')\qquad x_i = \beta_i + \sum_{\varkappa=1}^{\varkappa=n} \alpha_{i\varkappa} x_\varkappa,$$

wobei dann die Größen $|\alpha_{i\varkappa}|$ im Vergleich zu 1 kleine Größen sind.

Statt dessen behandeln wir allgemeiner das Gleichungssystem

$$(14)\qquad x_i = \beta_i + \mu \sum_{\varkappa=1}^{\varkappa=n} \alpha_{i\varkappa} x_\varkappa,$$

so daß für $\mu = 1$ (13') und (14) identisch sind. Die Lösungen von (14) sind rationale gebrochene Funktionen von μ und es ist unmittelbar einleuchtend, daß sich diese Funktionen für kleine Werte μ nach Potenzen von μ in der Form

$$(15)\qquad x_i = \sum_{\nu=0}^{\nu=\infty} x_i^{(\nu)} \mu^\nu$$

entwickeln lassen. Fraglich ist allerdings, ob diese Konvergenz noch für $\mu = 1$ gilt.

Ist die Konvergenz eine gute, so erhalten wir eine passende Annäherung, wenn wir bloß die ersten Glieder der Reihe berücksichtigen. Die folgende Betrachtung liefert uns Anhaltspunkte für die Stärke der Konvergenz.

Wir wollen zeigen, daß die Konvergenz für $\mu = 1$ sicher dann statthat, wenn sich eine positive Zahl $m < 1$ angeben läßt, so daß entweder für alle i

$$(16)\qquad \sum_{\varkappa=1}^{\varkappa=n} |\alpha_{i\varkappa}| \leqq m,$$

oder für alle $\varkappa$

$$(17)\qquad \sum_{i=1}^{i=n} |\alpha_{i\varkappa}| \leqq m$$

ist. In beiden Fällen beruht der Beweis auf dem einfachen Konvergenzsatz, daß eine Potenzreihe

$$\sum_{\nu=0}^{\nu=\infty} c_\nu \mu^\nu$$

stets dann für $\mu = 1$ konvergiert, wenn sich unabhängig von ν eine Zahl $m < 1$, und ferner eine Zahl M angeben läßt, so daß

$$|c_\nu| \leqq M m^\nu$$

ist. Indem wir (15) in (14) einsetzen, erhalten wir durch Vergleichen der Koeffizienten

$$x_i^{(0)} = \beta_i,$$

und die Rekursionsformel

$$(R)\qquad x_i^{(\nu+1)} = \sum_{\varkappa=1}^{n} \alpha_{i\varkappa} x_\varkappa^{(\nu)}, \quad \nu = 0, 1, 2, \dots.$$

Nehmen wir nun an, es sei die erste Bedingung (16) erfüllt und bezeichnen wir den größten unter den Werten von $\left|x_{\varkappa}^{(\nu)}\right|$ mit $x^{(\nu)}$, so ergibt sich

$$x^{(\nu+1)} \leqq \sum_{\varkappa=1}^{\varkappa=n} \left|\alpha_{i\varkappa}\right| x^{(\nu)} \leqq m\, x^{(\nu)},$$

und somit, wenn β die größte unter den Zahlen β_i bedeutet,

$$x^{(\nu)} \leqq m^\nu \beta.$$

In diesem Fall ist also sicher unsere Potenzreihe für die Werte $\mu \leqq 1$ konvergent und unser Näherungsverfahren ist sicher anwendbar.

Ist die zweite Bedingung (17) erfüllt, so folgt zunächst aus der Rekursionsformel (R)

$$\sum_{i=1}^{i=n} \left|x_i^{(\nu+1)}\right| \leqq \sum_{i=1}^{i=n} \sum_{\varkappa=1}^{\varkappa=n} \left|\alpha_{i\varkappa}\right|\left|x_{\varkappa}^{(\nu)}\right|,$$

und somit durch Vertauschung der Summationsfolge und wegen (17)

$$\sum_{i=1}^{i=n} \left|x_i^{(\nu+1)}\right| \leqq \sum_{\varkappa=1}^{\varkappa=n} \left|x_{\varkappa}^{(\nu)}\right| \sum_{i=1}^{i=n} \left|\alpha_{i\varkappa}\right| \leqq m \sum_{\varkappa=1}^{\varkappa=n} \left|x_{\varkappa}^{(\nu)}\right|,$$

somit

$$x^{(\nu+1)} \leqq \sum_{\varkappa=1}^{\varkappa=n} \left|x_{\varkappa}^{(\nu+1)}\right| \leqq m \sum_{\varkappa=1}^{\varkappa=n} \left|x_{\varkappa}^{(\nu)}\right|,$$

also

$$\left|x^{(\nu)}\right| \leqq m^\nu \sum_{\varkappa=1}^{\varkappa=n} \left|\beta_{\varkappa}\right|.$$

In beiden Fällen handelt es sich um hinreichende Bedingungen. D. h. es wird ein Mindestmaß für die Güte der Konvergenz angegeben. In der Regel werden die Werte von $x^{(\nu)}$ für größere Werte von ν viel kleiner, d. h. es wird die Konvergenz eine viel bessere sein, als es die angegebene Abschätzung verbürgt.

§ 9. Kettenbrüche.

Bevor wir auf nähere Erörterungen eingehen, wollen wir ein Beispiel erwähnen, aus dem wohl auch schon ohne besondere Vorkenntnisse wenigstens ungefähr zu ersehen ist, welche anschauliche Bedeutung diesem Näherungsverfahren bei dem von uns in Aussicht genommenen Anwendungsgebiet zukommt.

Bei einem Balken, der auf vielen Stützen ruht und bei dem nur ein Feld belastet ist, ist es ohne weiteres einleuchtend, daß die Wirkung der Last nur bei den der belasteten Öffnung zunächst liegenden Stützen zur Geltung kommt. Sie wird bei Stützen, die von der belasteten Öffnung durch viele unbelastete Öffnungen entfernt sind, kaum mehr merklich sein. Wir werden also in diesen und ähnlichen Fällen zu einer angenäherten Lösung gelangen, wenn wir die Wirkungen für die weiter entfernten Stützen ganz vernachlässigen und zunächst nur jene Stützen berücksichtigen, die in unmittelbarer Nähe des belasteten Feldes liegen. Und offenbar werden wir zu um so besseren Näherungswerten gelangen, wenn wir fortschreitend zuerst nur die nächsten, dann die nächsten mit den zweitnächsten Stützen usw. berücksichtigen.

Wenn wir nun diesem Gedanken entsprechend bei der soeben geschilderten und bei ähnlichen Aufgaben die gesuchten Lösungen der zugehörigen Differenzengleichungen durch fortgesetzte Annäherung zu gewinnen suchen, so gelangen wir zu Kettenbrüchen.

In analytischer Form kann man die Aufgabe, die hier vorliegt, etwa folgendermaßen stellen:

Vorgelegt seien die Gleichungen

$$a_\nu\, y_{\nu-1} + b_\nu\, y_\nu - y_{\nu+1} = 0; \qquad (\nu = 1, 2, \ldots, n)$$
$$y_0 = -1, \qquad y_{n+1} = 0;$$

oder in ausführlicher Schreibweise

$$\begin{aligned}
b_1 y_1 - y_2 &= a_1, \\
a_2 y_1 + b_2 y_2 - y_3 &= 0, \\
\ &\cdot \cdot \cdot \cdot \cdot \cdot \cdot \cdot \cdot \cdot \\
a_{n-1} y_{n-2} + b_{n-1} y_{n-1} - y_n &= 0, \\
a_n y_{n-1} + b_n y_n &= 0.
\end{aligned}$$

Es ist zu untersuchen, ob und unter welchen Bedingungen für y_1 ein guter Näherungswert $y_1^{(\varkappa)}$ dadurch ermittelt werden kann, daß man die Forderung $y_{n+1} = 0$ durch eine Gleichung $y_{\varkappa+1} = 0$ ersetzt, wobei $\varkappa < n$ ist und dementsprechend nur die ersten $\varkappa$ Gleichungen zur Berechnung von $y_1^{(\varkappa)}$ verwertet werden.

Zunächst haben wir offenbar die Formeln aufzustellen, durch die die einzelnen aufeinanderfolgenden Werte $y_1^{(\varkappa)}$ miteinander verknüpft sind.

Wir erhalten für $y_1^{(\varkappa)}$

$$y_1^{(\varkappa)} = \frac{Z_\varkappa}{N_\varkappa} = \frac{\begin{vmatrix}
a_1 & -1 & 0 & & & & & & & \cdot \\
0 & b_2 & -1 & 0 & & & & & & \cdot \\
0 & a_3 & b_3 & -1 & 0 & & & & & \cdot \\
0 & 0 & a_4 & b_4 & -1 & 0 & & & & \cdot \\
& & \cdot & \cdot & \cdot & \cdot & \cdot & \cdot & & \\
0 & 0 & & & & & & a_{\varkappa-1} & b_{\varkappa-1} & -1 \\
0 & 0 & & & & & & & a_\varkappa & b_\varkappa
\end{vmatrix}}{\begin{vmatrix}
b_1 & -1 & 0 & 0 & 0 & & & & \cdot \\
a_2 & b_2 & -1 & 0 & 0 & & & & \cdot \\
0 & a_3 & b_3 & -1 & 0 & & & & \cdot \\
& \cdot & \cdot & \cdot & \cdot & \cdot & \cdot & & \\
0 & 0 & & & & a_{\varkappa-1} & b_{\varkappa-1} & -1 \\
0 & 0 & & & & 0 & a_\varkappa & b_\varkappa
\end{vmatrix}}$$

Für Zähler und Nenner erhält man, indem man nach der letzten Zeile entwickelt, die Rekursionsformel

$$(18) \qquad \begin{cases} Z_\varkappa = b_\varkappa\, Z_{\varkappa-1} + a_\varkappa\, Z_{\varkappa-2}, \\ N_\varkappa = b_\varkappa\, N_{\varkappa-1} + a_\varkappa\, N_{\varkappa-2}. \end{cases}$$

Ferner ist

$$(19) \qquad \begin{cases} Z_1 = a_1, & Z_2 = a_1 b_2, \\ N_1 = b_1, & N_2 = b_1 b_2 + a_2. \end{cases}$$

Wenden wir die Rekursionsformel für $\varkappa = 2$ an, so ergibt sich aus (18) und (19)

$$a_1 b_2 = b_2 a_1 + a_2 Z_0,$$
$$b_1 b_2 + a_2 = b_2 b_1 + a_2 N_0,$$

also
$$Z_0 = 0, \qquad N_0 = 1.$$

Für $\varkappa = 1$ ergibt die Rekursionsformel:

$$a_1 = \qquad a_1 Z_{-1},$$
$$b_1 = b_1 + a_1 N_{-1},$$

also
$$Z_{-1} = 1, \qquad N_{-1} = 0.$$

Die hier angeführten Rekursionsformeln und Ausgangsformeln zur Berechnung von $\dfrac{Z_\varkappa}{N_\varkappa}$ stimmen nun mit den Grundformeln der Kettenbruchtheorie überein. Unter einem Kettenbruch versteht man einen Ausdruck von der Form

$$b_0 + \cfrac{a_1}{b_1 + \cfrac{a_2}{b_2 + \cfrac{a_3}{b_3 + \cfrac{\ddots}{\cfrac{a_n}{b_n}}}}},$$

für den u. a. der Kürze wegen auch die folgende Schreibweise üblich ist

$$\begin{pmatrix} & a_1, & a_2, & \dots, & a_n \\ b_0, & b_1, & b_2, & \dots, & b_n \end{pmatrix}.$$

a_ν und b_ν nennt man die Elemente des Kettenbruches.

Bricht die Entwicklung mit $b_\varkappa$ ($\varkappa < n$) ab, so spricht man vom $\varkappa^{\text{ten}}$ Näherungsbruch und man überzeugt sich leicht, daß Rekursions- und Ausgangsformeln für die soeben besprochenen Brüche $\dfrac{Z_\varkappa}{N_\varkappa}$ mit denen der aufeinanderfolgenden Näherungsbrüche eines Kettenbruches übereinstimmen, wenn $b_0 = 0$ ist.

Wenn die Reihe der Größen a_ν und b_ν nicht abbricht, so spricht man von einem unendlichen Kettenbruch. Daß die Bezeichnung „Näherungsbruch" unter Umständen berechtigt ist, ist nach den Überlegungen zu Beginn dieses § bei Aufgaben der Baumechanik von der betrachteten Art unmittelbar durch Anschauung einleuchtend. Im folgenden wollen wir den mathematischen Grund hierfür kennen lernen und gleichzeitig suchen wir dabei Anhaltspunkte zu gewinnen, wie groß ungefähr der Fehler ist, den man beim Abbrechen der Rechnung für $\varkappa < n$ begeht.

Zu diesem Zweck wollen wir hier den Beweis des folgenden Konvergenzsatzes über unendliche Kettenbrüche wiedergeben:

Wenn bei einem Kettenbruch von der Form

$$\begin{pmatrix} a_1, & a_2, & \ldots, & a_\nu, & \ldots \\ b_1, & b_2, & \ldots, & b_\nu, & \ldots \end{pmatrix}$$

die Elemente der Umgleichung

$$(20) \qquad |b_\nu| > |a_\nu| + 1$$

genügen, so ist der Kettenbruch konvergent und sein Wert ist < 1.

(Beim Balken über mehreren Stützen ist, wie wir später sehen werden, das Gleichungssystem

$$- \frac{l_\nu}{l_{\nu+1}} y_{\nu-1} - 2\left(1 + \frac{l_\nu}{l_{\nu+1}}\right) y_\nu - y_{\nu+1} = 0$$

zu setzen, wobei die l_ν die Stützenabstände bedeuten. Somit ist das dort angegebene Konvergenzkriterium reichlich erfüllt.)

Zunächst zeigen wir, wie man den Kettenbruch in eine Reihe verwandeln kann.

Aus den Rekursionsformeln (18) folgt

$$(18\,\mathrm{a}) \qquad \begin{vmatrix} Z_\varkappa & Z_{\varkappa-1} \\ N_\varkappa & N_{\varkappa-1} \end{vmatrix} = - a_\varkappa \begin{vmatrix} Z_{\varkappa-1} & Z_{\varkappa-2} \\ N_{\varkappa-1} & N_{\varkappa-2} \end{vmatrix},$$

und somit erhalten wir für die Differenz von zwei aufeinander folgenden Näherungsbrüchen

$$u_\varkappa = \frac{Z_\varkappa}{N_\varkappa} - \frac{Z_{\varkappa-1}}{N_{\varkappa-1}} = \frac{\begin{vmatrix} Z_\varkappa & Z_{\varkappa-1} \\ N_\varkappa & N_{\varkappa-1} \end{vmatrix}}{N_\varkappa N_{\varkappa-1}} = \frac{- a_\varkappa \begin{vmatrix} Z_{\varkappa-1} & Z_{\varkappa-2} \\ N_{\varkappa-1} & N_{\varkappa-2} \end{vmatrix}}{N_\varkappa N_{\varkappa-1}},$$

und durch wiederholte Anwendung von (18a), wenn an Stelle von $\varkappa : \varkappa - 1,\ \varkappa - 2, \ldots$ tritt, ergibt sich wegen $Z_0 N_{-1} - N_0 Z_{-1} = - 1$,

$$u_\varkappa = (- 1)^{\varkappa+1} \frac{a_1\, a_2 \ldots \ldots a_\varkappa}{N_\varkappa\, N_{\varkappa-1}}.$$

Da $\dfrac{Z_0}{N_0} = 0$, ergibt sich für $\dfrac{Z_\varkappa}{N_\varkappa}$:

$$\frac{Z_\varkappa}{N_\varkappa} = \sum_{\nu=1}^{\nu=\varkappa} u_\nu = \sum_{\nu=1}^{\nu=\varkappa} (- 1)^{\nu+1} \frac{a_1\, a_2 \ldots \ldots a_\nu}{N_\nu\, N_{\nu-1}},$$

oder ausführlich:

$$\frac{Z_\varkappa}{N_\varkappa} = \frac{a_1}{N_0 N_1} - \frac{a_1 a_2}{N_1 N_2} + \frac{a_1 a_2 a_3}{N_2 N_3} - \ldots + (-1)^{\varkappa+1} \frac{a_1 a_2 \ldots \ldots a_\varkappa}{N_{\varkappa-1} N_\varkappa}.$$

Aus der Rekursionsformel (18) für $N_\varkappa$ und unseren Voraussetzungen (20) über die Größe der Elemente schließen wir

$$|N_\varkappa| \geqq |b_\varkappa||N_{\varkappa-1}| - |a_\varkappa||N_{\varkappa-2}| \geqq |b_\varkappa||N_{\varkappa-1}| - (|b_\varkappa| - 1)|N_{\varkappa-2}|,$$
$$|N_\varkappa| - |N_{\varkappa-1}| \geqq (|b_\varkappa| - 1)(|N_{\varkappa-1}| - |N_{\varkappa-2}|).$$

Indem wir nun diese Rekursionsungleichung der Reihe nach für: $\varkappa$, $\varkappa - 1$, ..., 1 anwenden und berücksichtigen, daß

$$|N_0| - |N_{-1}| = 1$$

ist, erhalten wir

$$(20\,\mathrm{a}) \quad |N_\varkappa| - |N_{\varkappa-1}| \geqq (|b_\varkappa| - 1)(|b_{\varkappa-1}| - 1) \ldots (|b_1| - 1) \geqq |a_1 a_2 \ldots a_\varkappa|.$$

Für das ν^{te} Glied unserer Reihe für $\dfrac{Z_\varkappa}{N_\varkappa}$ gewinnen wir somit

$$|u_\nu| = \left|\frac{a_1 a_2 \ldots \ldots a_\nu}{N_{\nu-1} N_\nu}\right| \leqq \frac{|N_\nu| - |N_{\nu-1}|}{|N_{\nu-1}||N_\nu|} = \frac{1}{|N_{\nu-1}|} - \frac{1}{|N_\nu|}.$$

Somit erhalten wir

$$\sum_{\nu=1}^{\nu=\varkappa} |u_\nu| \leqq \sum_{\nu=1}^{\nu=\varkappa} \left(\frac{1}{|N_{\nu-1}|} - \frac{1}{|N_\nu|}\right) \leqq \frac{1}{N_0} = 1.$$

Damit ist der Beweis des Konvergenzsatzes erledigt.

Unser eigentliches Ziel bei einem endlichen Kettenbruch ist aber ein Urteil zu gewinnen über das Außmaß von Rechenarbeit, das nötig ist, wenn das Verfahren so lange fortgesetzt werden soll, bis der Fehler genügend klein ist. Zu diesem Zweck haben wir den Betrag von

$$\left|\frac{Z_n}{N_n} - \frac{Z_\varkappa}{N_\varkappa}\right|,$$

wobei $\varkappa < n$ ist, abzuschätzen. Wir erhalten hierfür

$$\left|\frac{Z_n}{N_n} - \frac{Z_\varkappa}{N_\varkappa}\right| \leqq \sum_{\nu=\varkappa+1}^{\nu=n} |u_\nu| \leqq \left|\frac{1}{N_\varkappa}\right| - \left|\frac{1}{N_n}\right| < \frac{1}{|N_\varkappa|}.$$

Beim Problem des Balkens auf vielen Stützen haben wir, wie aus dem dritten Teil zu ersehen sein wird, für $b_\varkappa$ ungefähr den Wert 4 anzunehmen, wenn die Abstände zwischen den Stützen ungefähr gleich groß sind. (Im Falle gleicher Dimensionierung des Balkens und gleicher Abstände der einzelnen Stützen voneinander würde, wie wir später sehen werden, genau der Wert 4 gelten.) Nach Formel (20a) wird bei $|b_\nu| = 4$:

$$|N_\nu - N_{(\nu-1)}| \geqq 3^\nu,$$

und somit erhalten wir

$$|N_\varkappa| \geqq \sum_{\nu=0}^{\nu=\varkappa} 3^\nu = \frac{3^{\varkappa+1}-1}{2}.$$

Der zu ermittelnde Wert Z_n/N_n ist im Falle, daß alle b_ν genau gleich 4 sind, wie man durch direkte Rechnung findet, von der Größenordnung $(2-\sqrt{3})$, also ungefähr $\frac{1}{4}$. Als Maß für die Genauigkeit haben wir offenbar das Verhältnis des Fehlers zum wahren Wert

d. h. den Bruch $\dfrac{\left|\dfrac{Z_n}{N_n}-\dfrac{Z_\varkappa}{N_\varkappa}\right|}{\left|\dfrac{Z_n}{N_n}\right|}$ abzuschätzen. Nach unseren Erwägungen erhalten wir hierfür bei $\varkappa=5$ ungefähr den Wert

$$\frac{4}{\dfrac{3^6-1}{2}}.$$

IV. Abschnitt.

Die entsprechende Behandlung bei gewöhnlichen Differentialgleichungen.

§ 10. Auflösung von Randwertaufgaben bei linearen inhomogenen Differentialgleichungen mit Benutzung der adjungierten Differentialgleichung.

Ziel dieses Abschnittes ist es zu zeigen, wie man Randwertaufgaben bei gewöhnlichen Differentialgleichungen in einer Art und Weise behandeln kann, die vollkommen unseren Ausführungen im I. Abschnitt über Differenzengleichungen entspricht.

Vorgelegt sei ein Differentialausdruck von der Form

$$L(\eta) = p_0 \frac{d^n\eta}{dx^n} + p_1 \frac{d^{n-1}\eta}{dx^{n-1}} + \cdots + p_n\eta,$$

wo die p n-mal differenzierbare Funktionen von x im Intervall 0 bis l sind. Wir multiplizieren dann diesen Ausdruck mit einer Funktion $\zeta(x)$ und formen das Integral:

$$\int_0^l \zeta \cdot L(\eta)\, dx$$

durch wiederholte partielle Integration so um, daß schließlich in dem neuen Integral nur die Funktion η selbst, aber nicht ihre Differentialquotienten vorkommen[1]). Das Ergebnis hat die Form:

---

[1]) Diese Formel wird die Greensche Formel genannt. Vgl. S. 12.

$$\int_0^l \zeta\, L(\eta)\, dx = \int_0^l \eta\, M(\zeta)\, dx + \left[F\left(x;\ \eta,\ \frac{d\eta}{dx} \cdots \frac{d^{n-1}\eta}{dx^{n-1}};\ \zeta,\ \frac{d\zeta}{dx} \cdots \frac{d^{n-1}\zeta}{dx^{n-1}}\right)\right]_0^l;$$

in differenzierter Form lautet diese Gleichung:

$$\zeta\, L(\eta) - \eta\, M(\zeta) = \frac{d}{dx}\, F\left(x,\ \eta,\ \frac{d\eta}{dx} \cdots \frac{d^{n-1}\eta}{dx^{n-1}};\ \zeta,\ \frac{d\zeta}{dx} \cdots \frac{d^{n-1}\zeta}{dx^{n-1}}\right).$$

Der Ausdruck $M(\eta)$, der auf diese Weise zustande kommt, wird als der adjungierte Differentialausdruck bezeichnet. Allgemein erhält man

$$M(\zeta) \equiv (-1)^n \frac{d^n\, p_0\,\zeta}{dx^n} + (-1)^{n-1} \frac{d^{n-1}\, p_1\,\zeta}{dx^{n-1}} + \cdots + p_n\,\zeta.$$

Ist der adjungierte Differentialausdruck mit dem ursprünglichen identisch, so sagt man, der Differentialausdruck ist sich selbst adjungiert. Z. B.: Ein Differentialausdruck 2. Ordnung

$$A\,\eta'' + B\,\eta' + C\,\eta$$

ist sich selbst adjungiert, wenn die Identität besteht:

$$A\,\eta'' + B\,\eta' + C\,\eta = \frac{d^2(A\,\eta)}{dx^2} - \frac{d(B\,\eta)}{dx} + C\,\eta.$$

Also müssen die Gleichungen

$$(21) \qquad\qquad A' = B, \qquad A'' = B'$$

erfüllt sein. Dabei ist zu bemerken, daß die 2. dieser Gleichungen eine Folge der ersten ist. Ein sich selbst adjungierter Differentialausdruck 2. Ordnung läßt sich somit stets schreiben in der Form

$$(22) \qquad\qquad L(\eta) \equiv \frac{d\,p \cdot \dfrac{d\eta}{dx}}{dx} + q \cdot \eta;$$

die Identität nimmt dann die Gestalt an

$$(23) \qquad \int_0^l (\zeta\, L(\eta) - \eta\, L(\zeta))\, dx = \left[p\left(\frac{d\eta}{dx}\,\zeta - \eta\,\frac{d\zeta}{dx}\right)\right]_{x=0}^{x=l}.$$

Eine naheliegende und den Erörterungen von § 4 entsprechende Verwendung dieser Formeln besteht nun darin, daß man mit ihrer Hilfe eine Randwertaufgabe auf die Aufgabe zurückführt, jene Lösung einer inhomogenen linearen Differentialgleichung m^{ter} Ordnung zu ermitteln, bei der der Wert der Funktion selbst und ihrer $m-1$ ersten Differentialquotienten an einem der beiden Interwallenden als gegeben zu betrachten sind.

Liegt z. B. eine Differentialgleichung von der Form

$$L(y) \equiv \frac{d\,p \cdot \dfrac{dy}{dx}}{dx} + q\,y = f(x)$$

vor, und hat man diejenige Lösung zu ermitteln, bei der

$$y(0) = y(l) = 0$$

sein soll, so ergibt Formel (23), wenn man sich für η die gesuchte Funktion y und für ζ irgendeine Lösung der dazugehörigen homogenen Gleichung eingesetzt denkt, die der Bedingung $\zeta(0) = 0$ genügt (wenn man Lösbarkeit voraussetzt),

$$\int\limits_0^l \zeta \cdot f(x)\, dx = \left[p\zeta \frac{dy}{dx} \right]_{x=l},$$

also (wenn $\zeta(l) \neq 0$) eine Gleichung zur Ermittlung des Wertes für $\left(\dfrac{dy}{dx}\right)$ am Intervallende $x = l$. In ähnlicher Weise kann man auch bei Differentialgleichungen höherer Ordnung verfahren.

Wie bei Differenzengleichungen 2. Ordnung der Satz galt, daß man durch Multiplikation der einzelnen Gleichungen mit geeigneten Faktoren stets eine sich selbst adjungierte Differenzengleichung erhalten kann, so gilt nun auch hier der Satz, daß man zu jedem beliebigen Differentialausdruck 2. Ordnung

$$A y'' + B y' + C y$$

eine Funktion $\mu(x)$ finden kann, so daß

$$\mu(x)\,(A y'' + B y' + C y)$$

ein sich selbst adjungierter Differentialausdruck wird. In der Tat, nach den Gleichungen (21) ist hierzu nur nötig, daß $\mu(x)$ der Forderung

$$\frac{d\,\mu(x)\,A}{dx} = \mu(x)\,B$$

genügt.

Auch darin zeigt sich die Analogie, daß man ganz entsprechend wie bei Differenzengleichungen die sich selbst adjungierten Differentialgleichungen mit einer Minimumaufgabe in Verbindung bringen kann. Man kann nämlich stets die sich selbst adjungierten Differentialgleichungen $2\,m^{\text{ter}}$ Ordnung, wie sich leicht zeigen läßt (worauf wir aber hier nicht näher eingehen wollen), als Eulersche Gleichungen von Variationsproblemen auffassen, bei denen im Integrand des Integrals, das zum Minimum gemacht werden soll, die gesuchte Funktion und ihre Ableitungen bis zum m^{ten} Grad vorkommen.

Bevor wir nun daran gehen, bei Differentialgleichungen allgemein jene Behandlung der Randwertaufgaben zu erörtern, wie sie unseren Erörterungen bei Differenzengleichungen in § 5 I. (vgl. S. 15ff.) entspricht, schicken wir die Behandlung des einfachsten Beispieles dafür voraus. Dabei haben wir gleichzeitig Gelegenheit, die analytischen Formeln mit Vorstellungen und Begriffen, wie sie in dem von uns hauptsächlich in Aussicht genommenen Anwendungsgebiet vorkommen, in engste Verbindung zu bringen.

§ 11. Die Differentialgleichung $y'' = f(x)$.

Liegt zunächst die Aufgabe vor, die Differentialgleichung

$$y'' = f(x)$$

so zu integrieren, daß für $x = 0 : y = y' = 0$ wird, so erhalten wir

$$y' = \int_0^x f(\xi)\,d\xi,$$

$$y = \int_0^x d\eta \int_0^\eta f(\xi)\,d\xi.$$

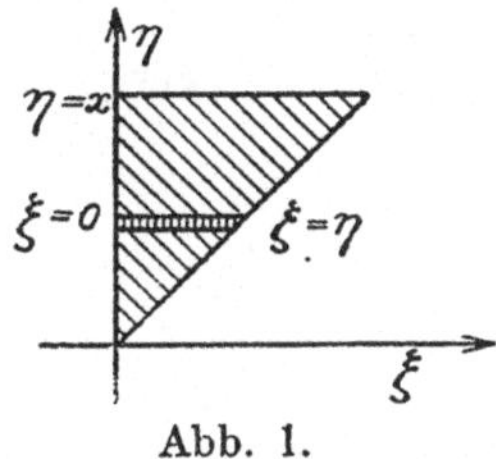

Abb. 1.

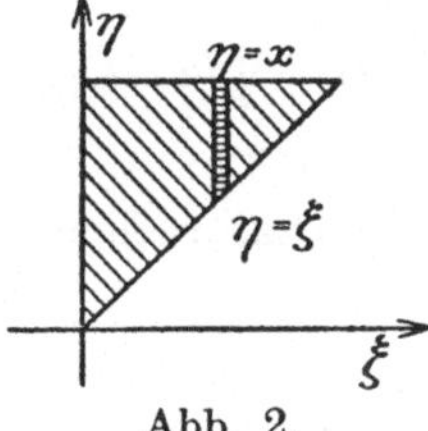

Abb. 2.

Deuten wir ξ, η als cartesische Punktkoordinaten und vertauschen wir die Integrationsfolge (Abb. 1 u. 2), so läßt sich die Integration nach η sogleich durchführen und wir erhalten

$$y = \int_0^x d\xi \int_\xi^x f(\xi)\,d\eta = \int_0^x (x - \xi)\,f(\xi)\,d\xi.$$

Ebendieselbe Formel trifft man in der Baumechanik, wenn es sich darum handelt, das Moment zu berechnen, das von einer konti-nuierlichen Belastung eines Balkens herrührt, wobei $f(\xi)\,d\xi$ das über dem Element $d\xi$ lastende Gewicht bedeutet und $\xi = x$ der Bezugspunkt ist (Abb. 3).

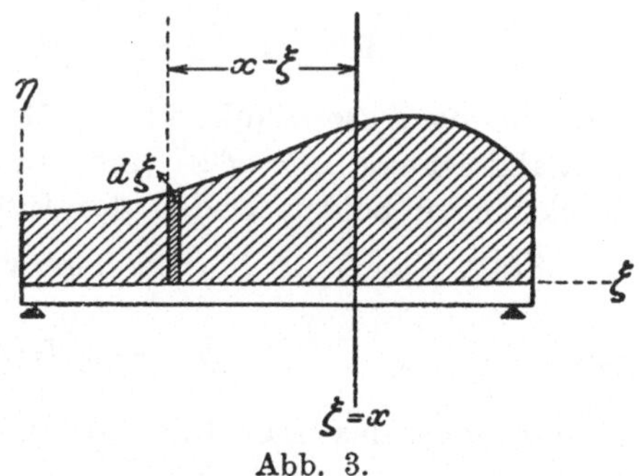

Abb. 3.

Wenn das gesamte Bie-gungsmoment eines auf seinen beiden Enden frei aufliegen-den Balkens berechnet werden soll, d. h. das Moment sämt-licher Kräfte, die links vom Bezugspunkt $\xi = x$ auf den Balken einwirken, so tritt noch das Moment der Stützkraft am linken Auflager hinzu. Es fällt dies dann zusammen mit der Aufgabe, unsere Differentialgleichung so zu inte-grieren, daß die Randbedingungen

$$y(0) = y(l) = 0$$

erfüllt sind, wobei l die Balkenlänge ist.

Die allgemeine Lösung unserer Differentialgleichung ist

$$y = \int\limits_0^x (x - \xi) f(\xi) d\xi + ax + b,$$

und die Berücksichtigung der Randbedingungen ergibt

$$b = 0, \qquad a = -\frac{1}{l} \int\limits_0^l (l - \xi) f(\xi) d\xi;$$

somit erhalten wir

$$y = \int\limits_0^x (x - \xi) f(\xi) d\xi - \frac{x}{l} \int\limits_0^l (l - \xi) f(\xi) d\xi.$$

Das zweite Integral zerlegen wir

$$\int\limits_0^l = \int\limits_0^x + \int\limits_x^l$$

und ziehen nun die beiden Integrale über das Interwall von 0 bis x zusammen; wir erhalten

$$(24) \qquad y = \int\limits_0^x \left(\frac{\xi x}{l} - \xi\right) f(\xi) d\xi + \int\limits_x^l \left(\frac{\xi x}{l} - x\right) f(\xi) d\xi.$$

Nun erklären wir eine Funktion $G(x, \xi)$ durch die Festsetzung:

$$\text{für} \quad 0 \leqq \xi \leqq x \quad \text{sei} \quad G(x, \xi) = \xi - \frac{x\xi}{l},$$

$$\text{für} \quad x \leqq \xi \leqq l \quad \text{sei} \quad G(x, \xi) = x - \frac{\xi x}{l};$$

man nennt diese Funktion die Greensche Funktion für die Differentialgleichung $y'' = f(x)$ und für die Randbedingungen, daß die Funktion zu beiden Enden des Intervalls verschwindet.

Statt Gleichung (24) können wir jetzt kurz schreiben

$$(25) \qquad y = -\int\limits_0^l G(x, \xi) f(\xi) d\xi$$

Abb. 4 zeigt das Schaubild für die Funktion $-G(x, \xi)$.

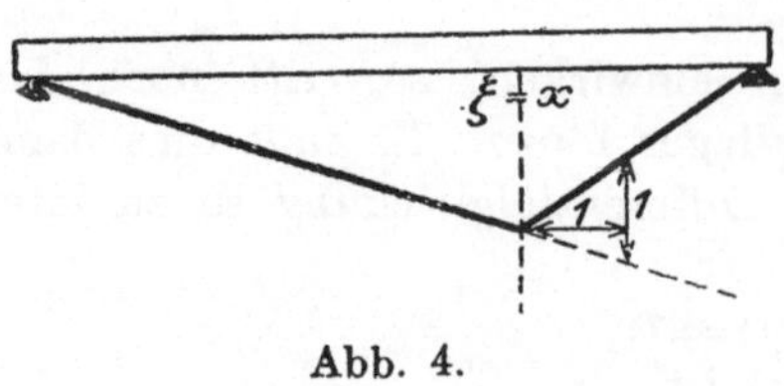

Abb. 4.

Man sieht, es stimmt vollkommen überein mit der Seillinie (Darstellung des Biegungsmomentes) für eine im Punkt $\xi = x$ angebrachte Einheitslast bei einem auf seinen Enden frei aufliegenden Balken (Einflußlinie).

In der Tat, wenn wir im Punkte $\xi = x$ eine Einheitslast anbringen, so wirkt am linken Auflager die Stützkraft $\dfrac{l-x}{l}$. Links vom Punkt $\xi = x$ gilt bei geeigneter Festsetzung über das Vorzeichen für das Moment

$$M(\xi) = \xi \frac{x-l}{l}.$$

Für das Stück rechts vom Belastungspunkt $\xi = x$ erhalten wir

$$M(\xi) = \xi \frac{x-l}{l} - (x-\xi) = x \frac{\xi-l}{l}.$$

Aus den Formeln ist unmittelbar das Symmetriegesetz für die Greensche Funktion ersichtlich:

$$G(x_1, x_2) = G(x_2, x_1).$$

In unserer mechanischen Deutung erhalten wir den folgenden Satz, der, so wie er hier auftritt, ein Sonderfall vom sogenannten Satz der Gegenseitigkeit der Momente ist: Bei einem auf seinen beiden Enden frei aufliegenden Balken ist das Moment in einem Punkt $x = x_2$, das von einer Einheitslast im Punkt $x = x_1$ herrührt, ebenso groß als das Moment im Punkt $x = x_1$ wäre, das von einer Einheitslast im Punkt $x = x_2$ hervorgebracht würde.

Für Formel (25) gewinnen wir jetzt folgende Auffassung. Das Moment in einem Punkt $\xi = x$, das von einer Belastung $f(\xi)d\xi$ herrührt, ist gegeben durch

$$- G(x, \xi) f(\xi) d\xi$$

und gemäß dem Superpositionsgesetz haben wir dann, um das gesamte Moment zu erhalten, über alle Elemente $d\xi$ zu summieren.

§ 12. Auflösung von Randwertaufgaben bei gewöhnlichen Differentialgleichungen mit Benutzung der Greenschen Funktion.

Die Erörterungen des vorigen Paragraphen wollen wir zunächst nach zwei Seiten hin verallgemeinern, 1. an Stelle von y'' lassen wir jetzt einen beliebigen sich selbst adjungierten Differentialausdruck 2. Ordnung von der Form (22) treten; 2. wollen wir auch allgemeinere (homogene) Randbedingungen in Betracht ziehen, wie z. B. Randbedingungen von der Form

$$[ay + by']_{x=0} = 0, \qquad [\bar{a}y + \bar{b}y']_{x=l} = 0.$$

Wieder kann man hier von einer Greenschen Funktion sprechen, und zwar ist diese durch die folgenden Eigenschaften gekennzeichnet.

3*

1. $G(x, \xi)$ genügt im ganzen Intervall $0 \leq x \leq l$ mit Ausnahme des Punktes $x = \xi$ der Differentialgleichung

$$L[G(x, \xi)] = 0,$$

wobei L einen sich selbst adjungierten Differentialausdruck von der in Formel (22) dargestellten Form bedeuten möge.

2. $G(x, \xi)$ erfüllt die gestellten Randbedingungen.

3. Im Punkt $x = \xi$ ist $G(x, \xi)$ stetig.

4. Der erste linke Differentialquotient von $G(x, \xi)$ an der Stelle $x = \xi$ ist um $\dfrac{1}{p(\xi)}$ größer als der rechte. In Zeichen kann man das folgendermaßen ausdrücken

$$p(\xi)\left[\left(\frac{d\,G(x, \xi)}{dx}\right)_{x=\xi+0} - \left(\frac{d\,G(x, \xi)}{dx}\right)_{x=\xi-}\right] = -1.$$

Bevor wir an die Verwendung dieses Begriffes schreiten, wollen wir an Beispielen besprechen, wie man die Greensche Funktion zu bilden hat. Zunächst erinnere ich nochmals an das Beispiel des vorigen Paragraphen. Man mache sich klar, daß die dort aufgestellte Greensche Funktion nicht nur alle Bedingungen erfüllt, sondern auch, daß diese Bedingungen gerade ausreichen, um sie festzulegen.

Als 2. Beispiel betrachten wir

$$L(y) = y''$$

in Verbindung mit den Randbedingungen

$$[y]_{x=0} = 0, \qquad [y']_{x=l} = 0,$$

die Greensche Funktion ist hier offenbar gegeben durch

$$\text{für} \quad x \leq \xi \quad G(x, \xi) = x,$$
$$\text{für} \quad x \geq \xi \quad G(x, \xi) = \xi.$$

3. Beispiel:

$$L(y) = y'' + k^2 y = 0$$

in Verbindung mit den Randbedingungen

$$y(0) = y(l) = 0.$$

Die allgemeine Lösung unserer Differentialgleichung lautet:

$$y = C_1 \sin kx + C_2 \cos kx = C \sin k(x - x_0).$$

Die linke Randbedingung besagt, daß die Greensche Funktion links von Punkt $x = \xi$ dargestellt ist durch

$$G(x, \xi) = C \sin kx;$$

die rechte Randbedingung besagt, daß $G(x, \xi)$ rechts vom Punkt $x = \xi$ gegeben ist durch

$$G(x, \xi) = C' \sin k(x - l).$$

Die 3. und 4. kennzeichnende Eigenschaft ergeben:

$$C\sin k\xi = C'\sin k\,(\xi - l),$$
$$C'k\cos k\,(\xi - l) - Ck\cos k\xi = -1,$$

also zwei Gleichungen zur Bestimmung von C und C':

$$C = \frac{-\sin k\,(l - \xi)}{k\sin kl}, \qquad C' = \frac{-\sin k\xi}{k\sin kl},$$

somit wird

$$\text{für}\quad x \leqq \xi \quad G(x,\xi) = \frac{-\sin kx\,\sin k\,(l - \xi)}{k\sin kl},$$

$$\text{für}\quad x \geqq \xi \quad G(x,\xi) = \frac{-\sin k\xi\,\sin k\,(l - x)}{k\sin kl}.$$

Man beachte, daß man durch Grenzübergang, wenn man k gegen Null abnehmen läßt, wieder zu dem im vorigen Paragraphen behandelten Beispiel gelangt. Ferner ist zu diesem Beispiel zu bemerken, daß der Fall $l = \dfrac{n\pi}{k}$ hier ausgeschaltet werden muß, wenn n eine ganze Zahl ist. Für diesen Fall bedarf die Theorie einer Erweiterung, auf die wir hier nicht näher eingehen wollen. Haben wir statt $+\,k^2$ bei dieser Differentialgleichung $-\,k^2$, so werden einfach an Stelle der trigonometrischen Funktionen die hyperbolischen Funktionen treten. Vgl. hiermit dann die Formeln S. 17. Da der hyperbolische Sinus nur dann verschwindet, wenn sein Argument verschwindet, so gibt es dann hier keinen Ausnahmefall.

Bei den besprochenen Beispielen bemerkt man das Symmetriegesetz: $G(x_1, x_2) = G(x_2, x_1)$. Diese Formel gilt ganz allgemein für jede Greensche Funktion. Der Ausgangspunkt für den Beweis hierfür, bildet „die Greensche Formel" [Formel (23)]. Sei $x_1 < x_2$, setzen wir in (23) statt η die Funktion $G_1 = G(x, x_1)$ und anstatt ζ die Funktion $G_2 = G(x, x_2)$ und wenden wir die Greensche Formel der Reihe nach auf die Intervalle $0 \ldots x_1$, $x_1 \ldots x_2$, $x_2 \ldots l$ an!

$$\int_0^{x_1}[G_2 L(G_1) - G_1 L(G_2)]\,dx = -\left[p\left(G_2\frac{dG_1}{dx} - G_1\frac{dG_2}{dx}\right)\right]_{x=0}$$

$$+\left[p\left(G_2\frac{dG_1}{dx} - G_1\frac{dG_2}{dx}\right)\right]_{x=x_1-0},$$

$$\int_{x_1}^{x_2}[G_2 L(G_1) - G_1 L(G_2)]\,dx = -\left[p\left(G_2\frac{dG_1}{dx} - G_1\frac{dG_2}{dx}\right)\right]_{x=x_1+0}$$

$$+\left[p\left(G_2\frac{dG_1}{dx} - G_1\frac{dG_2}{dx}\right)\right]_{x=x_2-0},$$

$$\int\limits_{x_2}^{l} [G_2 L(G_1) - G_1 L(G_2)]\,dx = -\left[p\left(G_2\,\frac{dG_1}{dx} - G_1\,\frac{dG_2}{dx}\right)\right]_{x=x_2+0},$$

$$+\left[p\left(G_2\,\frac{dG_1}{dx} - G_1\,\frac{dG_2}{dx}\right)\right]_{x=l}.$$

Nun sind die linken Seiten dieser Gleichungen gleich Null, weil die Greensche Funktion, in den Differentialausdruck eingesetzt, Null ergibt. Durch Summierung der Glieder auf der rechten Seite und Berücksichtigung der kennzeichnenden Eigenschaften der Greenschen Funktion folgt dann das oben angegebene Symmetriegesetz; denn von den 6 Gliedern auf der rechten Seite verschwindet das erste und letzte, weil die Greensche Funktion die Randbedingung erfüllt; unter Beachtung der Stetigkeitseigenschaften ergibt die Summe aus dem 2. und 3. Glied $[G_2]_{x=x_1}$ oder $G(x_1,x_2)$, die Summe aus dem 4. und 5. Glied ergibt $-[G_1]_{x=x_2}$ oder $-G(x_2,x_1)$. Also ergibt die Summe aus allen 6 Gliedern $G(x_1,x_2)-G(x_2,x_1)=0$.

Und nun zur Verwendung des Begriffes „Greensche Funktion"! Diese besteht vor allem darin, daß sie uns bei Randwertaufgaben genau in derselben Weise wie es im vorigen Paragraphen der Fall war und wie es unseren Erörterungen bei Differenzengleichungen entspricht, durch eine einfache Formel die den Randbedingungen angepaßte Lösung einer inhomogenen linearen Differentialgleichung vermittelt. Wieder ergibt sich der Satz: Wenn $G(x,\xi)$ die zum Differentialausdruck $L(y)$ und zu den vorgegebenen Randbedingungen gehörige Greensche Funktion bedeutet, so ist die zu diesen Randbedingungen gehörige Lösung der Differentialgleichung

$$L(y) = f(x),$$

gegeben durch

$$y = -\int\limits_{0}^{l} G(x,\xi)f(\xi)\,d\xi.$$

In der Tat erfüllt die so dargestellte Funktion sowohl die Randbedingungen als auch die Differentialgleichung. Die Randbedingungen sind erfüllt, weil auch die Greensche Funktion die Randbedingungen erfüllt.

Um einzusehen, daß auch die Differentialgleichung erfüllt ist, bilden wir zunächst

$$\frac{dy}{dx} = -\int\limits_{0}^{l} \frac{\partial G(x,\xi)}{\partial x} f(\xi)\,d\xi$$

und sodann $\dfrac{d\,p\dfrac{dy}{dx}}{dx}$. Dabei ist aber zu beachten, daß wegen der

4. Forderung bei der Erklärung der Greenschen Funktion der Integrand rechts vom Gleichheitszeichen für $\xi = x$ unstetig wird, so daß wir vor der Differentiation eine Zerlegung des Integrals vornehmen müssen.

Es ist also

$$(26) \quad \frac{d\,p(x)\dfrac{dy}{dx}}{dx} = -\int\limits_0^x \frac{\partial\,p(x)\dfrac{\partial G(x,\xi)}{\partial x}\,f(\xi)\,d\xi}{\partial x} - \left[p(x)\frac{\partial G(x,\xi)}{\partial x}f(\xi)\right]_{\xi=x-0}$$

$$-\int\limits_x^l \frac{\partial\,p(x)\dfrac{\partial G(x,\xi)}{\partial x}\,f(\xi)\,d\xi}{\partial x} + \left[p(x)\frac{\partial G(x,\xi)}{\partial x}f(\xi)\right]_{\xi=x+0},$$

ferner ist

$$(27) \quad q(x)y = -\int\limits_0^l q(x)G(x,\xi)f(\xi)\,d\xi.$$

Die Summe der drei Integrale auf der rechten Seite ergibt Null, da $LG(x,\xi) = 0$. Die vierte kennzeichnende Eigenschaft für die Greensche Funktion läßt sich auch in der Form schreiben

$$-\left(\frac{\partial G(x,\xi)}{\partial x}\right)_{\xi=x-0} + \left(\frac{\partial G(x,\xi)}{\partial x}\right)_{\xi=x+0} = \frac{1}{p(x)}.$$

(Deuten wir nämlich etwa x als Abszisse und ξ als Ordinate, so ist ja eine Überschreitung der Geraden $\xi = x$ von links nach rechts gleichbedeutend mit einer Überschreitung von oben nach unten.)

Somit ergibt die Summe von (26) und (27)

$$L(y) = f(x).$$

Der Begriff Greensche Funktion läßt sich nun auch in derselben Weise für eine Differentialgleichung höherer Ordnung aufstellen und verwerten, wobei wieder die Analogie mit Erörterungen über Differenzengleichungen klar zum Vorschein kommt. Wir beschränken uns auf das einfachste Beispiel eines sich selbst adjungierten Differentialausdruckes 4. Ordnung

$$L(y) = y'''',$$

wobei für das Intervall $0 \leq x \leq 1$ folgende Randbedingungen gelten mögen:

$$y(0) = y'(0) = y(1) = y'(1) = 0.$$

Hier werden wir die Greensche Funktion folgendermaßen zu definieren haben. Die erste und zweite Eigenschaft bleiben unverändert aufrecht erhalten, anstatt der dritten Eigenschaft werden wir hier zu fordern haben, daß nicht nur die Greensche Funktion selbst, sondern auch ihre ersten beiden Ableitungen im Punkt $x = \xi$ stetig sein sollen. Die vierte Eigenschaft wird hier in unserem Falle zu ersetzen sein durch die Forderung

$$\left(\frac{d^3\,G(x,\xi)}{d\,x^3}\right)_{x=\xi+0} - \left(\frac{d^3\,G(x,\xi)}{d\,x^3}\right)_{x=\xi-0} = -\,1\,.$$

Um die Greensche Funktion aufzustellen, kann man etwa folgendermaßen vorgehen. Suchen wir zunächst eine möglichst einfache Funktion, die mit Ausnahme des Punktes $x = \xi$ der Differential-gleichung $\dfrac{d^4\gamma_1}{dx^4} = 0$ und den gestellten Stetigkeitsforderungen genügt. Eine solche Funktion ist die folgende

$$\text{für}\ \ 0 \leqq x \leqq \xi : \gamma_1(x,\xi) = \frac{(x-\xi)^3}{12}\,,$$

$$\text{für}\ \ \xi \leqq x \leqq 1 : \gamma_1(x,\xi) = -\,\frac{(x-\xi)^3}{12}\,.$$

Die beiden Zweige genügen zwar in der Differentialgleichung und den Stetigkeitsbedingungen, aber nicht den gestellten Randbedingungen. Demnach können wir die Greensche Funktion in der Form

$$G(x,\xi) = \gamma_1(x,\xi) + \gamma_2(x,\xi)$$

ansetzen, dabei muß $\gamma_2(x,\xi)$ durchwegs der Differentialgleichung $\dfrac{d^4\gamma_2}{dx^4} = 0$ genügen, und den Randbedingungen

$$\gamma_2(0,\xi) = -\,\gamma_1(0,\xi) = \frac{\xi^3}{12}\,, \qquad \gamma_2(1,\xi) = -\,\gamma_1(1,\xi) = \frac{(1-\xi)^3}{12}\,,$$

$$\left(\frac{d\gamma_2}{dx}\right)_{x=0} = -\left(\frac{d\gamma_1}{dx}\right)_{x=0} = -\,\frac{\xi^2}{4}\,, \qquad \left(\frac{d\gamma_2}{dx}\right)_{x=1} = -\left(\frac{d\gamma_1}{dx}\right)_{x=1} = \frac{(1-\xi)^2}{4}\,.$$

Durch leichte Rechnung ergibt sich

$$G(x,\xi) = \gamma_1(x,\xi) + \tfrac{1}{12}\,[(x^3+\xi^3) - 3\,(x\xi^2+\xi x^2) - 6\,(\xi^2 x^3 + x^2\xi^3)$$
$$+\,12\,\xi^2 x^2]\,.$$

Wie früher, können wir auch jetzt die Lösung der Differential-gleichung $y'''' = f(x)$, die den angegebenen Randbedingungen genügt, darstellen in der Form

$$y = -\int\limits_0^1 G(x,\xi)\,f(\xi)\,d\xi\,.$$

In der Baumechanik tritt diese Differentialgleichung als Differentialgleichung der elastischen Linie in der Theorie des geraden Balkens auf, und zwar bedeutet dort $f(\xi)\,d\xi$ die Belastung im Längen-element $d\xi$ dividiert durch das Trägheitsmoment des Balkenquer-schnitts und den Elastizitätsmodul. Unsere Randbedingungen entsprechen dem Fall, daß der Balken fest eingeklemmt ist. Das Schaubild für die Greensche Funktion ist identisch mit der elastischen Linie bei punktförmiger Belastung im Punkt $x = \xi$. Wie man sieht, ist $G(x, \xi)$ eine in x und ξ symmetrische Funktion, und dieses Symmetriegesetz ist in diesem Fall identisch mit dem in der Baumechanik oft benützten Maxwellschen Satz der Gegenseitigkeit der Verschiebungen.

Zweiter Teil.

Graphische Behandlung der Differenzengleichungen.

§ 13. Auflösungsart von Claxton Fidler und Müller-Breslau.

Die graphische Auflösung von Differenzengleichungen kommt vor allem bei der Theorie des durchlaufenden Trägers (Balken auf $n + 2$ Stützen) zur Geltung. Es handelt sich da, wie im dritten Teil § 21 dieses Buches näher ausgeführt werden soll, um die sogenannten Clapeyronschen Gleichungen, d. h. um die Differenzengleichung zweiter Ordnung für die Größen M_ν von der Form

$$(1) \qquad l_\nu M_{\nu-1} + 2(l_\nu + l_{\nu+1}) M_\nu + l_{\nu+1} M_{\nu+1} = B_\nu. \qquad (\nu = 1, 2 .. n)$$

Um nicht auf den dritten Teil verweisen zu müssen, erwähne ich gleich hier: die Größen M_ν bedeuten die Momente in den unterstützten Punkten, die Größen l_ν die Abstände der einzelnen Stützen voneinander, die Größen B_ν hängen von der Belastung des Trägers ab und sind Null, wenn das ν^{te} und das $\nu + 1^{te}$ Feld unbelastet ist. Zu der obigen Gleichung treten noch zwei Randbedingungen hinzu. Am häufigsten ist der Fall, daß der Balken auf den beiden Endstützen frei aufliegt, dann lauten sie

$$M_0 = M_{n+1} = 0.$$

Bevor wir die graphische Auflösung besprechen, erinnern wir, um uns später nicht unterbrechen zu müssen, an einige dabei vorkommende einfache geometrische Begriffe und einen vollkommen elementar geometrischen Satz.

Zwei je auf einer Geraden liegende Punktreihen ABC bzw. $A'B'C'$ nennt man bekanntlich ähnlich, wenn entsprechende Strecken verhältnisgleich sind.

Ferner nennt man bekanntlich zwei Punktreihen perspektiv, wenn die Verbindungsgerade zweier entsprechender Punkte immer durch einen Punkt, das sogenannte Perspektivitätszentrum hindurch-

geht. Der Satz, den wir im folgenden brauchen, lautet: Ähnliche
Punktreihen auf parallelen Geraden sind perspektiv, und die Abstände der beiden Geraden vom Perspektivitätszentrum verhalten
sich wie die einander entsprechenden Strecken.

Die graphische Auflösung, die hier besprochen werden soll, entspricht vollkommen der in § 4 erörterten Art der Auflösung der
inhomogenen Differenzengleichung mit Benützung der adjungierten
Differenzengleichung. Die Clapeyronschen Gleichungen können wir
folgendermaßen anschreiben:

$$(1\,\mathrm{a}) \qquad \frac{l_\nu \dfrac{M_{\nu-1} + 2\,M_\nu}{3} + l_{\nu+1} \dfrac{2\,M_\nu + M_{\nu+1}}{3}}{l_\nu + l_{\nu+1}} = \frac{B_\nu}{3\,(l_\nu + l_{\nu+1})} = T_\nu.$$

Setzen wir nun

$$U_\nu = \frac{M_{\nu-1} + 2\,M_\nu}{3}, \qquad V_\nu = \frac{2\,M_\nu + M_{\nu+1}}{3},$$

und deuten wir die Größen M_ν, T_ν, U_ν, V_ν als Ordinaten von
Punkten, zu deren Bezeichnung wir wieder dieselben Buchstaben M_ν,
T_ν, U_ν, V_ν verwenden wollen.

Durch die obigen Formeln wird folgende Auffassung nahegelegt.
Es sei

U_ν der Schwerpunkt von $M_{\nu-1}$ und M_ν, wenn in $M_{\nu-1}$ die
Masse 1 und in M_ν die Masse 2 angebracht ist.

V_ν der Schwerpunkt von M_ν und $M_{\nu+1}$, wenn in M_ν die
Masse 2 und in $M_{\nu+1}$ die Masse 1 angebracht ist.

T_ν der Schwerpunkt von U_ν und V_ν, wenn in U_ν die Masse l_ν
und in V_ν die Masse $l_{\nu+1}$ angebracht ist.

Dementsprechend [vgl. Abb. 5] ist die Lotrechte durch U_ν im
zweiten Drittel von l_ν errichtet; wir bezeichnen sie als die „Drittellinie links von der ν^{ten} Stütze".

Die Lotrechte durch V_ν ist im ersten Drittel von $l_{\nu+1}$ errichtet
und sie sei als „Drittellinie rechts von der ν^{ten} Stütze" bezeichnet.

Die Lotrechte durch T_ν hat von der Lotrechten durch U_ν den
Abstand $\dfrac{l_{\nu+1}}{3}$ und von der Lotrechten durch V_ν den Abstand $\dfrac{l_\nu}{3}$.
Sie wird als die „verschränkte Drittellinie" bezeichnet.

T_ν liegt als Schwerpunkt von U_ν und V_ν mit diesen beiden
Punkten in einer geraden Linie. Wenn man Punkt $M_{\nu-1}$ und M_ν
als bekannt ansehen dürfte, ergäbe sich folgende einfache Konstruk-
tion $\overset{\longrightarrow}{A}$ für den Punkt $M_{\nu+1}$ (Abb. 5). Der Schnittpunkt von den
Geraden $M_{\nu-1}\,M_\nu$ mit der Drittellinie links vom ν^{ten} Stützpunkt

ergibt U_ν. Der Schnittpunkt von $U_\nu T_\nu$ mit der Drittellinie rechts vom ν^{ten} Stützpunkt ergibt den Punkt V_ν. Der Schnittpunkt von $M_\nu V_\nu$ mit der Lotrechten durch den $\nu + 1$ Stützpunkt ergibt $M_{\nu+1}$)[1].

Die in der entgegengesetzten Richtung verlaufende Konstruktion, die aus den gegebenen $M_{\nu+1}$ und M_ν den Punkt $M_{\nu-1}$ liefert, bezeichnen wir mit $\overleftarrow{A}$. Ferner bezeichnen wir die Verbindungsgeraden der Punkte $M_{\nu-1} M_\nu$ mit g_ν, und den aus den g_ν gebildeten Polygonzug nennen wir das M-Polygon.

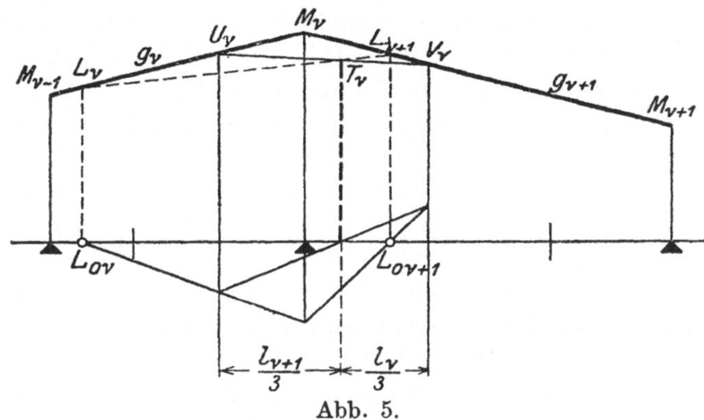

Abb. 5.

Ohne Berücksichtigung der Randbedingungen gibt es offenbar ∞^2 Polygone. Denn wenn man eine Seite g_ν davon kennt, so ergeben sich die übrigen eindeutig durch die Konstruktion $\overrightarrow{A}$ bzw. $\overleftarrow{A}$.

Es gelten folgende Sätze:

Satz 1. Bei allen M-Polygonen, deren ν^{ten} Seiten durch einen festen Punkt P_ν gehen, treffen sich die $(\nu + 1)^{\text{ten}}$ bzw. die $(\nu - 1)^{\text{ten}}$ Seiten wieder in einem festen Punkt $P_{\nu+1}$ bzw. $P_{\nu-1}$.

Beweis: Wählen wir im ν^{ten} Feld einen beliebigen Punkt P_ν, und legen wir verschiedene Geraden g_ν hindurch. Dann werden durch die Geraden g_ν auf der Drittellinie links vom ν^{ten} Stützpunkt und auf der Lotrechten durch den ν^{ten} Stützpunkt einander ähnliche Punktreihen U_ν und M_ν ausgeschnitten. Hierauf werden die Punkte U_ν der Drittellinie links vom ν^{ten} Stützpunkte von T_ν aus projiziert und ergeben auf der Drittellinie rechts vom ν^{ten} Stützpunkt V_ν als eine mit U_ν ähnliche Punktreihe. Somit ist auch die Punktreihe V_ν ähnlich mit der Punktreihe M_ν. Also müssen nach dem oben erwähnten elementargeometrischen Satz die Geraden $g_{\nu+1}$ durch einen gemeinsamen Punkt $P_{\nu+1}$ gehen.

---

[1] Einer Lotrechten g_ν entspricht eine Lotrechte $g_{\nu+1}$, doch versagt hierfür die Konstruktion, siehe S. 44.

Für die entgegengesetzte Seite verläuft der Beweis ganz analog.

Satz 2. Die einander entsprechenden Punkte P_ν und $P_{\nu+1}$ liegen mit T_ν in einer Geraden.

Beweis: Betrachten wir im besonderen eine solche Gerade g_ν, die durch den Punkt T_ν hindurchgehen würde, dann fielen die Geraden g_ν, $(U_\nu V_\nu)$ und $g_{\nu+1}$ zusammen.

Die Punkte P_ν auf irgend einer festen Geraden g_ν und die Punkte $P_{\nu+1}$ auf der ihr entsprechenden Geraden $g_{\nu+1}$ sind perspektive Punktreihen und das Perspektivitätszentrum ist der Punkt T_ν. Beschreibt P_ν eine Lotrechte, so beschreibt auch $P_{\nu+1}$ eine Lotrechte und umgekehrt. Der Abstand des Punktes $P_{\nu+1}$ von der Lotrechten durch V_ν hängt bloß von den Abständen der Punkte P_ν und T_ν von den Lotrechten durch U_ν, V_ν und M_ν ab. Er ist somit unabhängig von der Größe T_ν. Um die gegenseitige Zuordnung der Lotrechten durch P_ν und $P_{\nu+1}$ oder — was auf dasselbe hinausläuft — um die gegenseitige Zuordnung ihrer Schnittpunkte mit der Abszissenachse zu ermitteln, können wir also auch die Größen T_ν durch Null ersetzen. Tun wir dies, so erhalten wir an Stelle der M_ν die Werte $M_{0,\nu}$ der zugehörigen homogenen Differenzengleichung und den durch Verbindung der entsprechenden Punkte erhaltenen Polygonzug nennen wir das M_0-Polygon. Da die Werte $M_{0,\nu} = 0$ auch eine Lösung der homogenen Gleichungen darstellen, so können wir die Abszissenachse als besonderes M_0-Polygon betrachten. Unterwerfen wir die Werte $M_{0,\nu}$ noch der linken Randbedingung $M_{0,0} = 0$ und erteilen wir $M_{0,1}$ einen beliebigen Wert α, so bezeichnen wir diese Lösung der homogenen Differenzengleichung mit $M_{0,\nu}|_{0,\alpha}$. Diese Werte sind offenbar proportional mit α. Somit sind die Verhältnisse $\dfrac{M_{0,\nu}|_{0,\alpha}}{M_{0,\nu+1}|_{0,\alpha}}$ und somit auch die Schnittpunkte der Seiten des den $M_{0,\nu}|_{0,\alpha}$ entsprechenden Polygons mit der Abszissenachse unabhängig von der Wahl von α. Man nennt diese Schnittpunkte die der linken Randbedingung entsprechenden Festpunkte. Wir bezeichnen sie mit $L_{0,\nu}$. Sie lassen sich unmittelbar konstruieren. Um dies einzusehen, brauchen wir bloß zu bemerken, daß man, da $M_{0,0} = 0$ und $M_{0,1} = \alpha$ werden, die erste Seite des M_0-Polygons unmittelbar zeichnen kann. Somit ergeben sich die übrigen Seiten durch eine Zeichnungsvorschrift $\overset{\Longrightarrow}{A_0}$, die aus $\overset{\Longrightarrow}{A}$ dadurch hervorgeht, daß man die Größen T_ν durch Null ersetzt. (Abb. 5 und 6)[1]. Analoges gilt für die rechte Randbedingung.

---

[1] In der Zeichnung tritt dasselbe M_0 Polygon nur zwischen $L_{0\nu}$ und $L_{0\nu+1}$ auf und es wird dort die Konstruktion immer nur von einem Festpunkt bis zum nächsten durchgeführt. Die fortlaufende Konstruktion ein und desselben M_0 Polygons würde zuviel Platz erfordern.

Die entsprechende Konstruktion in der entgegengesetzten Richtung bezeichnen wir mit $\overleftarrow{A}_0$ und die daraus hervorgehenden Festpunkte mit $R_{0,\nu}$. (Abb. 7.) Aus der Konstruktion folgt leicht[1]), daß die Größen $M_{0,\nu}|_{0,a}$ abwechselnd positiv und negativ sind, daß somit die Strecke $M_{0,\nu}M_{0,\nu+1}$ von der Abszissenachse sicher geschnitten wird.

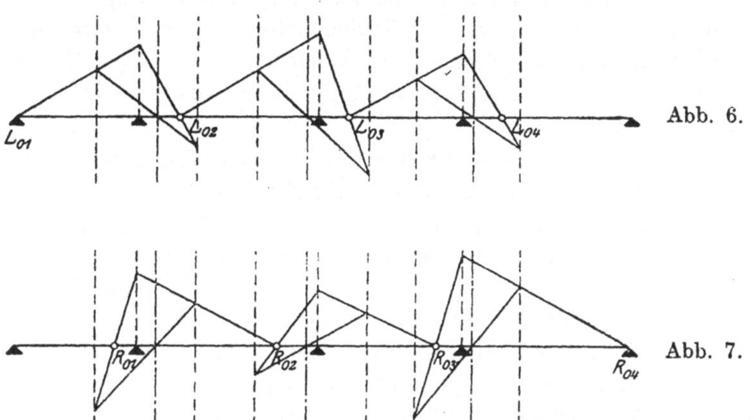

Abb. 6.

Abb. 7.

Nach diesen Vorbereitungen ergibt sich jetzt leicht die Konstruktion des M-Polygons für beliebige T_ν. Zunächst zeichnen wir die Festpunkte $L_{0\nu}$ ein. Hierauf errichtet man durch diese Punkte die Lotrechten. Diejenigen einander entsprechenden Punkte P_ν, die auf diesen Lot-

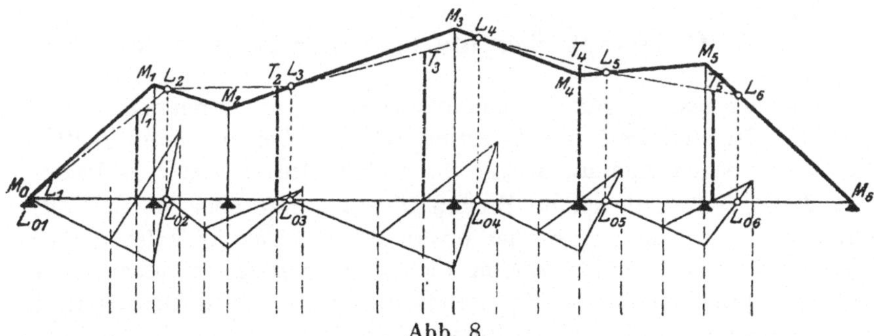

Abb. 8.

rechten liegen, wollen wir mit L_ν bezeichnen. Wenn einer von ihnen bekannt ist, ergeben sich leicht die übrigen. Zu diesem Zwecke haben wir L_ν mit T_ν zu verbinden, und der Schnittpunkt dieser Geraden mit der Lotrechten durch $L_{0,\nu+1}$ ergibt $L_{\nu+1}$. Nun fällt aber L_1 mit M_0 zusammen. Somit können wir jetzt die L_ν nacheinander einzeichnen (Abb. 8). Haben wir schließlich L_{n+1} gefunden, so

---

[1]) Siehe Anfang von § 14.

ist damit auch die Lage der $n+1^{\text{ten}}$ Seite des M-Polygons durch zwei ihrer Punkte M_{n+1} und L_{n+1} bestimmt. Hierauf ergibt sich durch L_n und M_n die n^{te} Seite usw. Zur Prüfung der Genauigkeit kann nun das Einzeichnen der Festpunkte $R_{0\nu}$ in Verbindung mit den Sätzen 1 und 2 herangezogen werden.

Es ist leicht einzusehen, wie sich das soeben besprochene Verfahren für beliebige lineare Differenzengleichungen 2. Ordnung verallgemeinern läßt, in denen der Ausdruck links vom Gleichheitszeichen in der sich selbst adjungierten Form angenommen werden kann (siehe § 4).

Wir haben bloß die auf der linken Seite der Clapeyronschen Gleichung (1) vorkommende Zahl 2 durch irgendeine mit ν sich ändernde Größe $\varkappa_\nu$ zu ersetzen. Dementsprechend wären an Stelle der Drittellinien Lotrechte zu zeichnen, die das betreffende Feld im Verhältnis $1 : \varkappa_\nu$ bzw. $\varkappa_{\nu-1} : 1$ teilen. Alles übrige ließe sich in derselben Weise ableiten, wie dies soeben erörtert wurde. Der Umstand, daß der Beiwert des dritten Gliedes in der ν^{ten} Clapeyronschen Gleichung mit dem Beiwerte des ersten Gliedes in der $\nu = 1^{\text{ten}}$ Clapeyronschen Gleichung übereinstimmt, bedeutet keine wirkliche Schädigung der Allgemeinheit, es läßt sich ja, wie wir früher schon sahen, jeder lineare Differenzenausdruck 2. Ordnung auf die sich selbst adjungierte Form bringen.

§ 14. Genaueres über die Lage der Festpunkte.

Aus der eben besprochenen Konstruktion geht unmittelbar hervor, daß für den Fall, wo $L_{0,\nu}$ innerhalb der beiden ersten Drittel von l_ν zu liegen kommt, $L_{0,\nu+1}$ im ersten Drittel von $l_{\nu+1}$ liegen muß. Beim frei aufliegenden Balken fällt L_{01} mit dem linken Endpunkt von l_1 zusammen. Ferner erwähnen wir, daß im Fall, wo der Balken an seinen beiden Enden nicht frei aufliegt, sondern etwa links fest eingeklemmt ist, L_{01} genau mit dem ersten Drittelpunkt von l_1 zusammenfällt. (Der Beweis hierfür wird im dritten Teil, § 21, erbracht werden.) Hieraus ist also zu ersehen, daß der Punkt $L_{0,\nu}$ stets innerhalb des ersten Drittels von l_ν liegen wird.

Genauere Angaben lassen sich noch im Falle machen, wo die Abstände der einzelnen Stützen voneinander überall die gleichen sind. Dann genügen die Größen $M_{0,\nu}$ der bereits früher (Seite 7) behandelten Differenzengleichung

$$\eta_{\nu+1} + 4\,\eta_\nu + \eta_{\nu-1} = 0.$$

Liegt der Balken frei auf, so lassen sich die der linken Randbedingung genügenden Lösungen $M_{0,\nu}|_{0,\alpha}$ durch die Formel ausdrücken:

$$M_{0,\nu}|_{0,\alpha} = C\left(r^\nu - \frac{1}{r^\nu}\right)$$

bzw. durch die Formel:

$$M_{0,\nu}|_{0,\alpha} = C'(-1)^\nu \operatorname{Sin}\nu\varphi;$$

dabei haben r und φ die an der erwähnten Stelle angegebenen Werte $r = -2 - \sqrt{3}$, $\varphi = 1,31\ldots$ Bezeichnen wir den Abstand, den

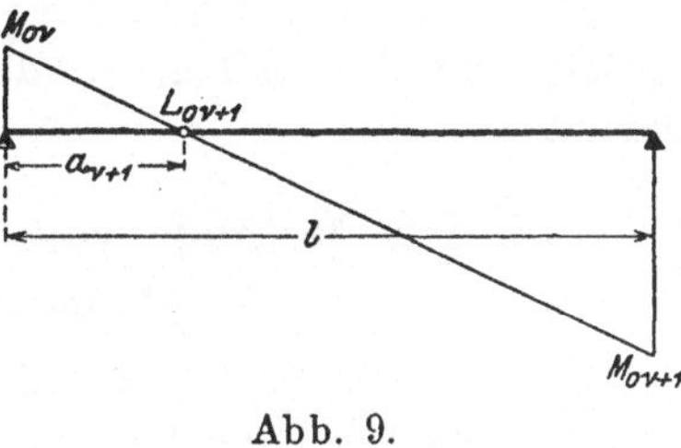

Abb. 9.

$L_{0,\nu+1}$ von dem zunächstliegenden linken Unterstützungspunkt hat, mit $a_{\nu+1}$, so ergibt sich, wie unmittelbar aus der Definition der Festpunkte folgt (Abb. 9):

$$\frac{a_{\nu+1}}{l - a_{\nu+1}} = \left|\frac{M_{0,\nu}|_{0,\alpha}}{M_{0,\nu+1}|_{0,\alpha}}\right| = \left|\frac{\operatorname{Sin}\nu\varphi}{\operatorname{Sin}(\nu+1)\varphi}\right| = \left|\frac{r^\nu - \dfrac{1}{r^\nu}}{\left(r^{\nu+1} - \dfrac{1}{r^{\nu+1}}\right)}\right|,$$

somit ergibt sich:

$$\mathop{L}_{\nu=\infty} \frac{a_{\nu+1}}{l - a_{\nu+1}} = \mathop{L}_{\nu=\infty} \left|\frac{1}{r}\right| \left|\frac{\left(1 - \dfrac{1}{r^{2\nu}}\right)}{\left(1 - \dfrac{1}{r^{2\nu+2}}\right)}\right| = \frac{1}{r},$$

und zwar ist die Konvergenz so stark, daß der Unterschied des Bruches für $\nu = 5$ von diesem Grenzwert in den vier ersten Dezimalstellen nicht mehr zum Ausdruck kommt, wie man sich leicht durch direkte Ausrechnung überzeugen kann. Liegt also ein Balken auf sehr vielen voneinander gleich weit entfernten Stützen frei auf und ist nur ein Feld, das durch viele Felder vom Auflager getrennt ist, belastet, so ist das obige die Lage des Festpunktes kennzeichnende Abstandsverhältnis, nur in der Nähe des Auflagers merklich veränderlich, während es in der Nähe der belasteten Stelle fast unveränderlich ist.

Zu derselben Einsicht gelangen wir auch durch die folgende Überlegung: Zählen wir die Größen $M_{0,\nu}$ von der belasteten Stelle aus und denken wir uns das Ende des Balkens unendlich fern, so müssen diese Größen $M_{0,\nu}$ durch eine abnehmende geometrische Reihe gekennzeichnet sein. Denn im Ausdruck für die allgemeine Lösung der homogenen Gleichung

$$M_{0,\nu} = C_1 r^\nu + C_2 \frac{1}{r^\nu}$$

muß für den hier in Betracht kommenden Sonderfall sicher $C_1 = 0$ angenommen werden, weil sonst wegen $|r| > 1$ der Betrag von $M_{0,\nu}$ mit wachsendem ν unbegrenzt zunehmen würde, was ausgeschlossen ist. Diese letztere Überlegung kann auch für den Fall verwertet werden, daß der Balken an dem weit entfernten Ende fest eingeklemmt ist.

§ 15. Die Methode von Ritter im Fall eines einzigen belasteten Feldes.

Ist nur ein Feld, etwa das $\varkappa + 1^{\text{te}}$, belastet, so sind in den Clapeyronschen Gleichungen von den Größen B_ν nach dem, was bereits über sie erwähnt wurde, nur zwei aufeinanderfolgende $B_\varkappa$ und $B_{\varkappa+1}$ von Null verschieden. In diesem Fall verwendet man zweckmäßig ein Verfahren, das dem in § 5 II. erörterten, vgl. Seite 18, entspricht.

Man multipliziere die ersten $\varkappa$-Gleichungen (1) der Reihe nach mit den Größen $M_{0,\nu}|_{0,\alpha}$ und addiere sie dann. Ferner multipliziere man die letzten $\varkappa + 1$-Gleichungen der Reihe nach mit den Größen $M_{0,\nu}|^{0,\alpha'}$ und addiere sie dann ebenfalls. Auf diese Weise erhält man:

$$(2) \quad \begin{cases} l_{\varkappa+1}\left(-M_{0,\varkappa+1}|_{0,\alpha}\, M_\varkappa + M_{0,\varkappa}|_{0,\alpha}\, M_{\varkappa+1}\right) = B_\varkappa\, M_{0,\varkappa}|_{0,\alpha}, \\ l_{(\varkappa+1)}\left(M_{0,\varkappa+1}|^{0,\alpha'}\, M_\varkappa - M_{0,\varkappa}|^{0,\alpha'}\, M_{\varkappa+1}\right) = B_{\varkappa+1}\, M_{0,\varkappa+1}|^{0,\alpha'}. \end{cases}$$

Die Größen $M_{0,\nu}|_{0,\alpha}$ und $M_{0,\nu}|^{0,\alpha'}$ sind mit fortlaufenden ν abwechselnd positiv und negativ, somit bleiben die obigen Gleichungen gültig, wenn man die Größen $M_{0\varkappa}|_{0\alpha}$, $M_{0\varkappa+1}|_{0\alpha}$, $M_{0,\varkappa}|^{0\varkappa'}$ und $M_{0,\varkappa+1}|^{0\varkappa'}$ durch ihre absoluten Beträge ersetzt. Sei nun $a_{\varkappa+1}$ der Abstand des in das $\varkappa + 1$-Feld fallenden der linken Randbedingungen entsprechenden Festpunktes $L_{0,\varkappa+1}$ vom $\varkappa^{\text{ten}}$ Unterstützungspunkt $S_\varkappa$ und $b_{\varkappa+1}$ sein Abstand vom $\varkappa + 1^{\text{ten}}$ Unterstützungspunkt $S_{\varkappa+1}$. Ferner sei $c_{\varkappa+1}$ der Abstand des in dasselbe Feld fallenden rechten Festpunktes $R_{0,\varkappa+1}$ von $S_\varkappa$ und $d_{\varkappa+1}$ der Abstand von $R_{0,\varkappa+1} S_{\varkappa+1}$, so ist $a_{\varkappa+1} + b_{\varkappa+1} = c_{\varkappa+1} + d_{\varkappa+1} = l_{\varkappa+1}$ und es ergeben sich die Gleichungen

$$\frac{a_{\varkappa+1}}{b_{\varkappa+1}} = \left|\frac{M_{0,\varkappa}|_{0,\alpha}}{M_{0,\varkappa+1}|_{0,\alpha}}\right|, \qquad \frac{c_{\varkappa+1}}{d_{\varkappa+1}} = \frac{M_{0,\varkappa}|^{0,\alpha'}}{M_{0,\varkappa+1}|^{0,\alpha'}}.$$

Setzen wir nun

$$\frac{B_\varkappa}{l_{\varkappa+1}} = W_{\varkappa+1}, \qquad \frac{B_{\varkappa+1}}{l_{\varkappa+1}} = \overline{W}_{\varkappa+1},$$

ferner

$$W_{\varkappa+1}\frac{|M_{0,\varkappa}|_{0,\alpha}|}{|M_{0,\varkappa}|_{0,\alpha}| + |M_{0,\varkappa+1}|_{0,\alpha}|} = W_{\varkappa+1}\frac{a_{\varkappa+1}}{l_{\varkappa+1}} = L_{\varkappa+1},$$

$$\overline{W}_{\varkappa+1}\frac{|M_{0,\varkappa+1}|^{0,\alpha'}|}{|M_{0,\varkappa}|^{0,\alpha'}| + |M_{0,\varkappa+1}|^{0,\alpha'}|} = \overline{W}_{\varkappa+1}\frac{d_{\varkappa+1}}{l_{\varkappa+1}} = R_{\varkappa+1}.$$

Dann lassen sich die Gleichungen (2) folgendermaßen schreiben:

$$\text{(2 a)} \qquad \frac{b_{\varkappa+1}\, M_{\varkappa} + a_{\varkappa+1}\, M_{\varkappa+1}}{a_{\varkappa+1} + b_{\varkappa+1}} = L_{\varkappa+1},$$

$$\frac{d_{\varkappa+1}\, M_{\varkappa} + c_{\varkappa+1}\, M_{\varkappa+1}}{c_{\varkappa+1} + d_{\varkappa+1}} = R_{\varkappa+1}.$$

Die linken Seiten dieser Gleichungen lassen sich wieder als Schwerpunktformeln auffassen. Es ist also $L_{\varkappa+1}$ als Ordinate über dem Festpunkt $L_{0,\varkappa+1}$ und $R_{\varkappa+1}$ als Ordinate über dem Festpunkt $R_{0,\varkappa+1}$ zu errichten. Die Punkte $M_{\varkappa},\ M_{\varkappa+1},\ L_{\varkappa+1},\ R_{\varkappa+1}$ liegen dann in einer Geraden. (Abb. 10.) Es ergibt sich also folgende Konstruktion. Zunächst um $L_{\varkappa+1}$ zu finden, trage man vom rechten Stütz-

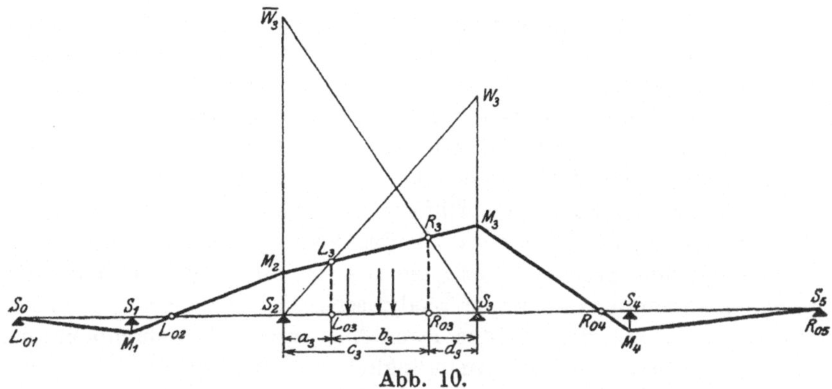

Abb. 10.

punkt $S_{\varkappa+1}$ aus auf der durch ihn gehenden Lotrechten die Größe $W_{\varkappa+1}$ als Ordinate auf und verbinde den so erhaltenen Punkt mit dem linken Stützpunkt $S_{\varkappa}$. Der Schnittpunkt dieser Verbindungslinie $W_{\varkappa+1} S_{\varkappa}$ mit der Lotrechten durch $L_{0,\varkappa+1}$ ergibt $L_{\varkappa+1}$. Genau in der entsprechenden Weise ergibt sich $R_{\varkappa+1}$. Hierauf ziehe man die Gerade $R_{\varkappa+1} L_{\varkappa+1}$, wo diese die Lotrechten durch die Stützpunkte $S_{\varkappa}$ und $S_{\varkappa+1}$ trifft, ergibt sich $M_{\varkappa}$ bzw. $M_{\varkappa+1}$. Die übrigen Seiten des M-Polygons ergeben sich dann leicht unter Ausnützung des Umstandes, daß sie links bzw. rechts durch die der linken bzw. der rechten Randbedingung entsprechenden Festpunkte hindurchgehen müssen. Die Geraden $W_{\varkappa+1} S_{\varkappa}$ und $\overline{W}_{\varkappa+1} S_{\varkappa+1}$ werden „Kreuzlinien" genannt.

Dritter Teil.

Über die Herleitung von Differenzengleichungen in der Baumechanik.

§ 16. Einleitende Übersicht[1]).

In diesem Abschnitte soll gezeigt werden, wie man durch Heranziehung einer einfachen geometrischen Vorstellung Anhaltspunkte für eine zweckmäßige Wahl der sogenannten statisch unbestimmten Größen gewinnen kann.

Diese Zweckmäßigkeit soll sich vor allem darin äußern, daß bei der durch die folgenden Darlegungen beeinflußten Wahl dieser Größen in die einzelnen Gleichungen (die sogenannten Elastizitätsgleichungen) jedesmal nur solche Größen eingehen, die lokal benachbarten Teilen der betreffenden Tragkonstruktion entsprechen.

Bei Tragkonstruktionen, die aus gleichartigen und gleichartig aneinander gereihten Teilen bestehen, erhält man somit die Elastizitätsgleichungen in Form von Differenzengleichungen.

Der Grundgedanke, die Statik des Fachwerkes auf die Art, wie es im folgenden geschehen soll, zu entwickeln, geht auf Maxwell zurück. Insbesondere auch die analytische Theorie des sogenannten Cremonaplanes hat von da aus ihren Ausgangspunkt genommen und Cremona beruft sich auch ausdrücklich auf Maxwell.

Bei Aufgaben über statisch unbestimmte Systeme werden diese Ideen wohl zum ersten Male von Wieghardt herangezogen; und zwar handelt es sich um hochgradig innerlich statisch unbestimmte Fachwerke mit reibungslosen Gelenken. Hier sollen aber im Gegensatz hierzu auch gerade jene Aufgaben aus der Baumechanik betrachtet werden, bei denen die Winkel zwischen den Stabenden in den Knotenpunkten als unveränderlich gelten und somit auf die Durchbiegung der Stäbe Rücksicht genommen werden muß. In der Physik der kontinuierlichen Medien muß man häufig zunächst Funktionen als Potentiale (Hilfspotentiale) einführen, um eine Aufgabe mathematisch als „Randwertaufgabe" formulieren zu können, und die wirklich vorkommenden physikalischen Größen erscheinen dabei als Differentialquotienten dieser Hilfsfunktionen. Ebenso erscheint es wohl bei Aufgaben aus der Baumechanik, wo es sich um die Bestimmung von vielen gleichartigen Unbekannten handelt, schon aus Analogiegründen, wie ich glaube, von vornherein als ziemlich

---

[1]) Einzelne der hier auftretenden Begriffe werden später ausführlich erklärt.

einleuchtend, daß es oft zweckmäßig sein wird, die wirklich physikalischen Größen nicht sofort unmittelbar zu berechnen, sondern statt dessen zunächst Hilfsgrößen in die Rechnung einzuführen, so daß dabei die wirklich zu bestimmenden Größen in Form von Differenzen, die aus den eingeführten Hilfsgrößen gebildet werden, erscheinen.

Wenn man hier nämlich jeden systematischen Standpunkt außer acht läßt, so kann es leicht vorkommen, daß die Gleichungen, aus der die statisch unbestimmten Größen berechnet werden, von schwerfälliger und unübersichtlicher Bauart werden und daß die praktische Berechnung dieser Größen zumindest recht unangenehm wird, was auch tatsächlich bei manchen Arbeiten in der technischen Literatur deutlich zum Vorschein kommt. Um nun zu einem solchen Gesichtspunkt zu gelangen, hielt ich es für zweckmäßig, mich nicht nur von der Analogie mit den Aufgaben der Physik des Kontinuums leiten zu lassen, sondern unmittelbar die Grundlage zur Behandlung der Aufgaben über Fachwerke aus der allgemeinen Statik des Kontinuums herzuleiten. Dabei beschränke ich mich nur auf ebene Probleme.

Die Hauptvorstellung, die im folgenden stets verwertet wird, ist folgende:

Man denke sich ein ebenes Fachwerk, das unter den Einwirkungen von Kräften steht, die in der Ebene des Fachwerkes liegen. Über die Art, wie die einzelnen Stäbe untereinander verbunden sind (gelenkig oder steif), wird zunächst keinerlei Voraussetzung gemacht werden. Die Felder innerhalb des Fachwerkes denke man sich ausgefüllt von einer vollkommenen weichen Masse, die keinerlei Spannungen aufzunehmen vermag. Die angreifenden äußeren Kräfte denke man sich ersetzt durch Stäbe, die auf Zug, Druck oder Biegung beansprucht sein können und den Raum dazwischen denke man sich ebenfalls von einer vollkommenen weichen Masse ausgefüllt. Durch diese Vorstellung ist die Statik des Fachwerkes zurückgeführt auf die allgemeine Statik des zweidimensionalen Kontinuums und erweist sich gewissermaßen als jener Sonderfall bzw. Grenzfall, wo dieses zweidimensionale Kontinuum zum Teil aus sehr starken Stäben (Eisen) und sonst aus vollkommen weicher Masse (Luft) besteht.

§ 17. Allgemeine Statik des zweidimensionalen ebenen Kontinuums.

Stellen wir uns also eine Scheibe vor, die von Kräften, die in der Ebene der Scheibe liegen, am Rande der Scheibe angreifen und miteinander im Gleichgewicht sind, beansprucht wird, und zwar wollen wir uns diese Scheibe aus mehreren kleineren nebeneinander liegenden Scheiben gebildet denken, wo jede dieser kleineren Scheiben aus einem einheitlichen Stoff besteht. Die Begrenzungskurven dieser kleineren Scheiben denken wir uns als Kurven mit stetig veränderlicher Tangente. Unter dem Einfluß der äußeren Kräfte werden an jedem Linienelemente[1]) Molekularkräfte entstehen, deren Komponenten

$$X = X(x, y, \varphi), \qquad Y = Y(x, y, \varphi)$$

wir innerhalb der einzelnen kleinen Scheiben offenbar als stetige und bis zu den Begrenzungslinien stetig fortsetzbare Funktionen des orientierten Linienelementes ansehen können (φ bedeutet dabei den Winkel, den das orientierte Linienelement mit der X-Achse einschließt). Dabei wollen wir die Verabredung treffen, daß wir den Teil rechts vom orientierten Linienelement stets als den einwirkenden und den Teil links davon als den unter der Einwirkung stehenden betrachten. Die Gleichgewichtsbedingungen der Statik erfordern nun, daß für jede beliebige geschlossene Kurve

$$(1) \qquad \int X(s)\, ds = 0, \qquad \int Y(s)\, ds = 0, \qquad \int (xY - yX)\, ds = 0$$

sein müssen, wobei die Integrale längs jeder beliebig geschlossenen Kurve erstreckt werden können und ds das Bogenelement der Integrationskurve bedeutet. Indem man die beiden ersten jener Integrale über solche Kurven erstreckt, die irgendein Kurvenstück schmal umschließen und dann die Integrationskurve beiderseitig gegen das Kurvenstück konvergieren läßt, ergibt sich das Prinzip der Gleichheit der Wirkung und Gegenwirkung

$$X(x, y, \varphi + \pi) = -X(x, y, \varphi), \quad Y(x, y, \varphi + \pi) = -Y(x, y, \varphi),$$

und indem man diese Schlußweise für Linienelemente anwendet, die Teile der Begrenzungslinien der einzelnen kleinen Scheiben sind, erkennt man, daß beim Übergang über diese Linien für solche Linienelemente, die parallel zur Grenze laufen, keine sprunghaften Unstetigkeiten in den X und Y stattfinden können.

Die weiteren Überlegungen knüpfen an folgenden mathematischen Satz an:

Ist $f(x, y, \varphi)$ eine stetige Funktion des Linienelementes und ist für jede beliebige geschlossene Kurve

$$(2) \qquad \int f[x(s), y(s), \varphi(s)]\, ds = 0,$$

so ist notwendig $f(x, y, \varphi)$ von der Form:

$$\Phi_x(x \cdot y) \cos \varphi + \Phi_y(x \cdot y) \sin \varphi,$$

wobei Φ eine stetig differenzierbare Funktion von x und y bedeutet.

---

[1]) Linienelement bedeutet den Inbegriff von Punkt (x, y) und Richtung (φ).

Beweis: Wegen der Gleichung (2) ist durch das von einem festen Punkt P_0 nach einem beliebigem Punkte P über eine beliebige P_0 und P verbindende Kurve erstreckte Integral

$$\Phi(x, y) = \int_{P_0}^{P} f[x(s), y(s), \varphi(s)]\, ds$$

eine stetige Funktion von x und y. Sie besitzt auch nach jeder Richtung stetige Differentialquotienten; diese sind mit $f(x, y, \varphi)$ identisch. Um dies einzusehen, hat man zunächst den Quotienten

$$\frac{\Phi(x + h\cos\varphi,\ y + h\sin\varphi) - \Phi(x, y)}{h}$$

zu bilden. Der Zähler ist gegeben durch das vom Punkt P mit den Koordinaten x, y, bis zum Punkte P^* mit den Koordinaten $x + h\cos\varphi$ $y + h\sin\varphi$ zu erstreckenden Integral:

$$\int_{P}^{P^*} f[x(s),\ y(s),\ \varphi(s)]\, ds,$$

wobei man als Integrationskurve die geradlinige Strecke PP^* nehmen kann. Nach Anwendung des ersten Mittelwertsatzes der Integralrechnung und Grenzübergang erhält man:

$$\lim_{h=0} \frac{\Phi(x + h\cos\varphi,\ y + h\sin\varphi) - \Phi(x \cdot y)}{h} = f(x, y, \varphi).$$

Andererseits ist der Grenzwert links gleich:

$$\Phi_x \cos\varphi + \Phi_y \sin\varphi,$$

womit unser Satz bewiesen ist. Da $\cos\varphi\, ds = dx$, $\sin\varphi\, ds = dy$, läßt sich der obige Satz daher auch so aussprechen: Unter der angegebenen Voraussetzung ist der Integrand von (2) ein vollständiges Differential.

Es müssen also die Integranden unter den Integralen (1) vollständige Differentiale sein. Setzen wir:

$$X\, ds = d\beta, \qquad Y\, ds = -d\alpha,$$

so wird

$$(xY - yX)\, ds = -(x\, d\alpha + y\, d\beta);$$

addieren wir hierzu das vollständige Differential:

$$d(\alpha x + \beta y) = \alpha\, dx + \beta\, dy + x\, d\alpha + y\, d\beta,$$

so erhalten wir:

$$(xY - yX)\, ds + d(\alpha x + \beta y) = \alpha\, dx + \beta\, dy,$$

wobei der Ausdruck rechts vom Gleichheitszeichen als Summe zweier vollständiger Differentiale wieder ein vollständiges Differential einer Funktion von x und y sein muß. Diese so eingeführte Funktion wird **Airy**sche Spannungsfunktion genannt, wir bezeichnen sie mit z. Es ergibt sich somit:

$$z_x = \alpha, \qquad z_y = \beta,$$

und somit

$$X = \frac{d\beta}{ds} = z_{yx}\frac{dx}{ds} + z_{yy}\frac{dy}{ds} = z_{yx}\cos\varphi + z_{yy}\sin\varphi,$$

$$Y = -\frac{d\alpha}{ds} = -z_{xx}\frac{dx}{ds} - z_{xy}\frac{dy}{ds} = -z_{xx}\cos\varphi - z_{xy}\sin\varphi.$$

Für Schnitte senkrecht zu den Koordinatenachsen, bei denen die Pfeile der Achsen von links nach rechts weisen, ergibt sich insbesondere:

für Schnitte senkrecht zur X-Achse:

$$\varphi = \frac{\pi}{2}, \quad X_x = z_{yy}, \quad Y_x = -z_{xy},$$

für Schnitte senkrecht zur Y-Achse:

$$\varphi = -\pi, \quad X_y = -z_{xy}, \quad Y_y = z_{xx}.$$

Wenn nun z. B. z_{yy} positiv ist, so bedeutet dies, daß für einen in der Richtung der positiven Y-Achse geführten Schnitt die Molekularkräfte rechts von ihm in der Richtung der positiven X-Achse, also auf den linken Teil ziehend wirken, ist z_{yy} negativ, so müssen sie drückend wirken. Da diese Vorzeichenregel offenbar von der besonderen Lage des Koordinatensystems unabhängig ist, erhalten wir allgemein folgende Regel:

Je nachdem der zweite Differentialquotient von z nach einem bestimmten Linienelement positiv oder negativ ist, d. h. also je nachdem z als Fläche gedeutet in dieser Schnittrichtung nach aufwärts oder nach abwärts gekrümmt ist, herrscht senkrecht zu dieser Richtung Zug oder Druck.

Der allgemeinste nach den Gesetzen der Statik mögliche Spannungszustand läßt sich also, wie wir sehen, immer durch eine einzige Funktion $z = z(x, y)$ kennzeichnen, und zwar ist diese Funktion im Innern der kleinen Scheiben zweimal stetig differenzierbar, denn sie ist gewonnen durch zweimalige Integration aus den Funktionen X und Y, die wir dort als stetig vorausgesetzt haben. Am Rand der kleinen Scheiben müssen mindestens die ersten Differentialquotienten stetig sein.

Die Funktion z ist aber durch den Spannungszustand nicht eindeutig festgelegt. — Entsprechend dem Umstande, daß α, β und z durch unbestimmte Integration gewonnen wurden, ist jede dieser Größen nur bis auf eine willkürliche additive Konstante bestimmt.

Wenn man zu z eine willkürliche lineare Funktion $z = \alpha_0 x + \beta_0 y + \gamma_0$ addiert, so hat dies auf die Größe der zweiten Differentialquotienten, somit auf den durch z dargestellten Spannungszustand keinen Einfluß.

§ 18. Statik des Fachwerkes.

Nunmehr kommen wir auf die bereits am Ende von § 16 erwähnte Vorstellung zurück, daß unser Kontinuum zum Teil aus weicher Masse zum Teil aus Stäben bestehen soll.

Da in der vollständig weichen Masse keine Spannungen auftreten dürfen, so müssen dort die zweiten Differentialquotienten z_{xx}, z_{yy}, z_{xy} verschwinden. Somit muß dort z eine lineare Funktion sein und wird also durch irgend eine Ebene dargestellt.

Führen wir nun durch einen Stab, den wir uns zunächst von endlicher Breite vorstellen, einen beliebigen Schnitt, dessen Endpunkte mit P_1 bzw. P_2 bezeichnet seien, und berechnen die X-Komponente, die Y-Komponente und ferner das Moment der Resultierenden der Molekularkräfte in bezug auf einen beliebig gewählten Koordinatenanfangspunkt, so erhalten wir:

$$(3) \quad \begin{cases} \overline{X} = \int\limits_{P_1}^{P_2} \frac{d(z_y)}{ds}\, ds = [z_y]_{P_1}^{P_2} = [\beta]_{P_1}^{P_2} \\[2em] \overline{Y} = \int\limits_{P_1}^{P_2} \frac{d(-z_x)}{ds}\, ds = -[z_x]_{P_1}^{P_2} = -[\alpha]_{P_1}^{P_2} \\[2em] \overline{M} = \int\limits_{P_1}^{P_2} (xY - yX)\, ds = \int\limits_{P_1}^{P_2} d(z - \alpha x - \beta y) = [z - \alpha x - \beta y]_{P_1}^{P_2}. \end{cases}$$

Die Ausdrücke rechts vom Gleichheitszeichen in den beiden ersten Zeilen kennzeichnen einen Neigungsunterschied der Tangentialebenen in P_1 und P_2 an jene Fläche, die der Spannungsfunktion für das Innere des Stabes entspricht.

Der Ausdruck rechts vom Gleichheitszeichen in der letzten Zeile stellt die Differenz der Ordinaten dieser beiden Tangentialebenen im Koordinatenanfangspunkt dar. Da die Spannungsfunktion und ihre ersten Differentialquotienten stetig sind, fallen diese Tangentialebenen mit den Ebenen zusammen, durch die die Spannungsfunktion in den angrenzenden Feldern gekennzeichnet ist.

Nehmen wir nun an, der Stab habe die Breite $2\,h$ und lassen wir jetzt zur bequemeren geometrischen Deutung die Stabachse mit der X-Achse und den geführten Schnitt mit der Y-Achse zusammenfallen, dann ergibt sich für die Komponente der Resultierenden in der Richtung der Stabachse (Normal- oder Achsialkraft):

$$\overline{X} = \int\limits_{-h}^{h} z_{yy}\, dy = [z_y]_{-h}^{h},$$

für die Komponente senkrecht dazu (Querkraft):

$$\overline{Y} = \int\limits_{-h}^{h} (-z_{xy})\, dy = -[z_x]_{-h}^{h},$$

und für das Moment bezogen auf den Schnittpunkt mit der Achse:

$$M = -\int\limits_{-h}^{h} y z_{yy}\, dy = -[y z_y]_{-h}^{h} + \int\limits_{-h}^{h} z_y\, dy = [z - y z_y]_{-h}^{h},$$

also die Differenz der Werte von z im Schnittpunkt mit der Achse, wenn man sich die für den Bereich der weichen Massen gültigen linearen Funktionen bis an die Stabachse heran analytisch fortge-

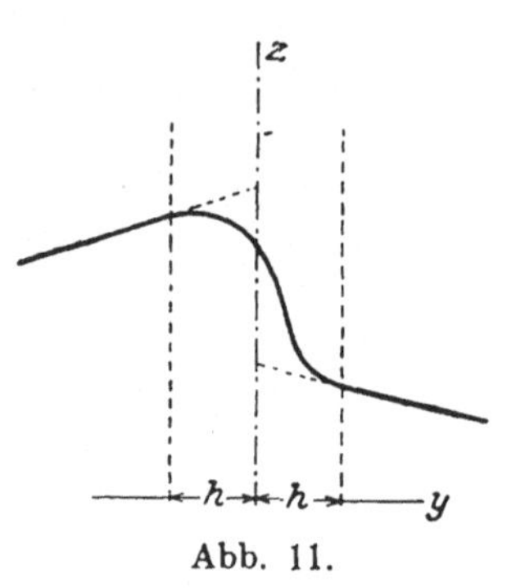

Abb. 11.

setzt denkt, anstatt die für das Innere des Stabes gültige A i r y sche Spannungsfunktion zu betrachten (Abb. 11).

Diese drei Größen, Achsialkraft, Querkraft und Moment, sind nun gerade diejenigen, durch die nach der üblichen Theorie der Spannungszustand des Fachwerkes in ausreichender Weise gekennzeichnet wird. Der allgemeinste nach den Gesetzen der Statik mögliche Zustand wird also dadurch für die weiteren Entwicklungen hinreichend gekennzeichnet sein, daß wir den Feldern zwischen den Stäben je eine beliebige Ebene zuordnen, die wir uns immer bis an die Stabachse heran fortgesetzt denken. Auf diese Weise erhalten wir eine Funktion, die im Innern jedes Feldes des Fachwerkes linear ist und längs der Stabachsen Unstetigkeiten aufweist. Wir stellen sie uns als Fläche vor und wollen sie im Innern des Fachwerkes als „innere Spannungsfläche", im Äußeren als „äußere Belastungsfläche" bezeichnen.

Da Achsialkraft, Querkraft und Moment in unserem geometrischen Bild in einer Weise gekennzeichnet sind, die von der Dicke der Stabachse unabhängig ist, so erledigt sich der Grenzübergang zu unendlich dünnen Stäben gewissermaßen von selbst.

Für die Unstetigkeiten, mit denen die einzelnen Ebenen längs der Stabachse aneinanderstoßen, erhalten wir, wenn wir die in den letzten drei Gleichungen enthaltenen Tatsachen unabhängig vom Koordinatensystem ausdrücken:

1. Der Unterschied der Differentialquotienten normal zur Stabachse gibt die Größe der Achsialkraft. Knickung nach aufwärts (Zunahme des Differentialquotienten in der Schnittrichtung) bedeutet eine Zugkraft, Knickung nach abwärts (Abnahme des Differentialquotienten in der Schnittrichtung) bedeutet eine Druckkraft.

2. Der Unterschied der Differentialquotienten parallel zur Stabachse gibt die Größe der Querkraft, und zwar führt der die Richtung der Querkraft anzeigende Pfeil von höheren Werten des Differentialquotienten zu niedrigeren, wobei die Differentiationsrichtung von dem unter der Einwirkung stehenden zu dem einwirkenden Teil des Körpers weist.

3. Der Unterschied der Werte von z gibt die Größe des Biegungsmomentes, und zwar umkreist der die Richtung des Momentes angebende Pfeil den Schnittpunkt mit der Stabachse so, daß er in dem als einwirkend gedachten Teile des Körpers von niedrigeren Werten von z zu höheren führt, also die Stufe steigend nimmt.

Für Stäbe, die nur auf Zug oder Druck, aber nicht auf Biegung beansprucht werden, ist z selbst längs der Stabachse stetig, nur die Differentialquotienten normal zur Stabachse erleiden Sprünge. Bei der Theorie des idealen Fachwerkes, wo nur Zug- und Druckbeanspruchungen vorkommen, ist somit z eine stetige Funktion. Bei Aufgaben, wo die Stäbe nicht nur auf Zug und Druck, sondern auch auf Biegung beansprucht werden, müssen wir jedoch auch Unstetigke en der Funktion z selbst zulassen, und zwar nicht nur bei der inneren Spannungsfläche, sondern auch bei der äußeren Belastungsfläche. Dazu sind wir dann gezwungen, wenn in den Knotenpunkten des Fachwerkes Drehmomente einwirken, was z. B. eintritt, wenn das Fachwerk, beziehungsweise die Tragkonstruktion, irgendwo fest eingeklemmt ist[1]).

Die Einwirkung eines Momentes und die dazugehörigen Verhältnisse bei der Belastungsfläche kann man sich übrigens auch durch den folgenden Grenzübergang klar machen. Wenn das Moment die Stärke m hat, so denke man sich zunächst in der Nähe der Einwirkungsstelle eine Zugstange, die einen Zug von der Stärke $m:h$ übermittelt, und parallel dazu in der Entfernung h eine Druckstange, die einen Druck von der Stärke $m:h$ übermittelt, und lasse hierauf h gegen Null konvergieren, indem man gleichzeitig Zug- und Druckstange parallel zu sich selbst gegen die Einwirkungsstelle rücken läßt. In ähnlichem Sinne, wie man in der Theorie des Magnetismus

---

[1]) In der Baumechanik wird manchmal für Fachwerke, wenn die Biegungsbeanspruchung der Stäbe berücksichtigt wird, auch das Wort „Stabwerk" gebraucht.

von einem Dipol spricht, wollen wir hier von einer Doppelstange sprechen. In der dazugehörigen Belastungsfläche zeigt sich längs der Doppelstange eine sprunghafte Unstetigkeit der Werte von z und zwar vom Betrage m. Mit Rücksicht auf diese Betrachtung läßt sich die Vorzeichenregel für die Momente bzw. für die Unstetigkeit der Werte von z auch so aussprechen: Den größeren Werten von z entspricht die auf Druck, den kleineren Werten von z entspricht die auf Zug beanspruchte Seite des Stabes. Die Richtung der Doppelstange kann dabei willkürlich angenommen werden.

Da jede beliebige Airysche Spannungsfunktion einem statisch möglichen Gleichgewichtszustand entspricht, so gilt dies auch von jeder beliebigen Belastungs- und Spannungsfläche, nachdem man den Grenzübergang zu unendlich dünnen Stäben und allenfalls auch den Grenzübergang zu Doppelstangen vollzogen hat. Die Airysche Spannungsfunktion ist nur bis auf eine additiv hinzuzufügende lineare Funktion bestimmt. Man kann somit im Fall, wo es sich

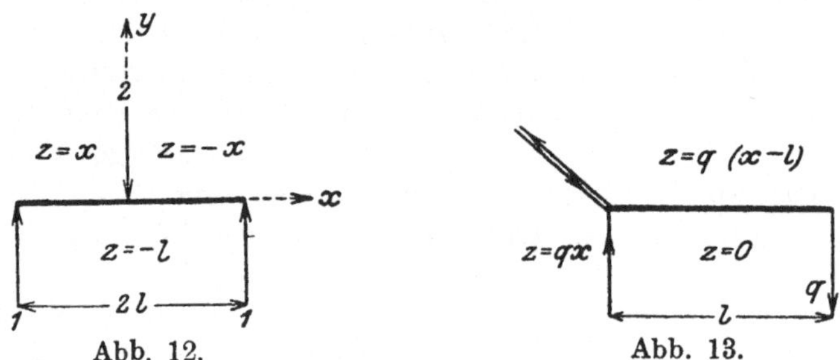

Abb. 12.   Abb. 13.

um Stäbe und Felder handelt, in einem Feld die Ebene willkürlich wählen, hierauf sind die Ebenen in den andern Feldern durch die in den Stäben herrschenden Spannungen eindeutig bestimmt. Bei der zu treffenden Wahl wird man natürlich stets darauf achten, daß etwa bestehende Symmetrieverhältnisse in der Spannungsfläche bzw. Belastungsfläche deutlich zum Ausdruck kommen.

Wir erläutern das Obige nur durch zwei ganz einfache Beispiele: In Abb. 12 ist die Belastungsfläche für einen frei aufliegenden, in der Mitte mit der Last 2 belasteten Balken angegeben. In Abb. 13 ist die Belastungsfläche für einen bei $x = 0$ fest eingeklemmten Balken von der Länge l angegeben, bei dem am freien Ende eine Last q angehängt ist. Die einklemmende Wirkung des Mauerwerks ersetzen wir durch eine Druckstange in der Richtung des resultierenden Druckes (in unserem Falle also vertikal nach aufwärts) und durch eine Doppelstange, deren Richtung vollkommen willkürlich gewählt werden kann.

§ 19. Statische Bestimmtheit.

Die äußeren Kräfte, die auf ein Fachwerk einwirken, seien gegeben. Nun denke man sich zunächst dementsprechend die äußere Belastungsfläche konstruiert.

Wenn dann die innere Spannungsfläche, durch die Forderung, daß sie selbst stetig sein soll und sich stetig an die äußere Belastungsfläche anschließen soll, eindeutig bestimmt ist, so werden wir von statischer Bestimmtheit sprechen.

Abb. 14 stellt uns die Spannungsfläche für ein statisch bestimmtes ideales Dreiecksfachwerk dar. Die Gleichungen für die Ebenen der äußeren Belastungsfläche sind in der Figur vermerkt. Der Ausdruck ideales Fachwerk bedeutet, daß man sich die einzelnen Stäbe durch reibungslose Gelenke miteinander verbunden denkt. Ferner denkt man sich immer dabei die äußeren Kräfte nur in den Knotenpunkten angreifend. In diesem Falle sind die einzelnen Stäbe nur auf Zug oder Druck, aber nicht auf Biegung

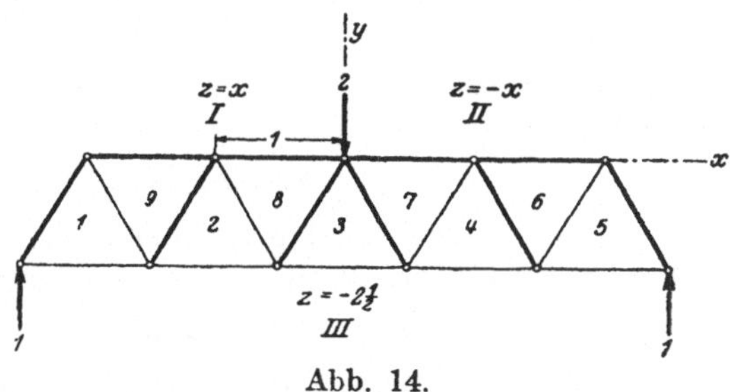

Abb. 14.

beansprucht, die Querkräfte und Biegungsmomente sind überall gleich Null, unsere Spannungsfläche ist durchweg stetig.

Es ist unmittelbar einleuchtend, daß in einem Fall wie hier, wo ein Dreiecksfachwerk keine inneren Knotenpunkte aufweist, stets die Stetigkeitsforderung zur eindeutigen Bestimmung der Spannungsfläche ausreicht.

Auf den Fall, daß ein Fachwerk nicht nur aus Dreiecken, sondern auch Vielecken von höherer Eckenzahl besteht, wollen wir hier nicht näher eingehen. Wohl aber wollen wir noch kurz zeigen, wie man von dem eben dargelegten Standpunkte aus zur Theorie der Cremonapläne gelangt. Zu diesem Zweck benötigen wir den Begriff Nullkorrelation, den wir kurz erläutern wollen.

Durch die Gleichungen:

$$x = r \cos t,$$
$$y = r \sin t,$$
$$z = h t + c$$

ist bekanntlich eine Schraubenlinie dargestellt. Lassen wir c alle reellen Werte und r von Null an alle positiven Werte durchlaufen, so erhalten wir alle ∞^2 Schraubenlinien (bzw. für $r = o$ die z-Achse), die den ∞^2 Bahnkurven eines einzigen starren Körpers, der einer Schraubung unterworfen ist, entsprechen. Hat ein Punkt die Koordinaten ξ, η, ζ, so ist für die durch ihn hindurchgehende Bahnkurve

$$r = \sqrt{\xi^2 + \eta^2} \text{ und } c = \zeta - h \operatorname{arctg} \frac{\eta}{\xi}.$$

Für die Ebene E, die durch einen Punkt P mit den Koordinaten ξ, η, ζ geht und auf der durch P gehenden Schraubenlinie senkrecht steht, verhalten sich die Richtungscosinus der Normalen wie

$$\frac{dx}{dt} = \frac{dy}{dt} = \frac{dz}{dt} = - r \sin t : r \cos t : h = - \frac{\eta}{h} : \frac{\xi}{h} : 1.$$

Daher lautet die Gleichung dieser Ebene E:

$$z - \zeta = \frac{1}{h} (x \eta - y \xi).$$

Diese Beziehung zwischen den Punkten P und den Ebenen E ist eindeutig umkehrbar. Ist

$$z = \alpha x + \beta y + \gamma$$

die Gleichung einer beliebigen Ebene E, so entspricht ihr offenbar als Punkt P ein Punkt mit den Koordinaten

$$\xi = - h\beta, \qquad \eta = h\alpha, \qquad \zeta = \gamma.$$

Die auf diese Weise erklärte ein-eindeutige Beziehung zwischen den Punkten P und den Ebenen E nennt man eine Nullkorrelation.

Wenden wir nun eine solche Nullkorrelation auf die Spannungsfläche eines idealen Fachwerkes an, wobei wir $h = -1$ setzen! Es seien:

$$z = \alpha_1 x + \beta_1 y + \gamma_1,$$
$$z = \alpha_2 x + \beta_2 y + \gamma_2$$

zwei Ebenen einer Spannungsfläche, die sich längs eines Stabes stetig aneinander anschließen. Vermöge der Nullkorrelation entspricht ihnen ein Punktpaar, dessen Projektion auf die XY-Ebene gegeben ist durch:

$$\xi_1 = \beta_1, \qquad \eta_1 = - \alpha_1,$$
$$\xi_2 = \beta_2, \qquad \eta_2 = - \alpha_2.$$

Denken wir uns dieses Punktepaar durch eine Strecke verbunden, so erhalten wir also einen Vektor, dessen X- bzw. Y-Komponente gegeben ist durch

$$\xi_2 - \xi_1 = \beta_2 - \beta_1,$$
$$\eta_2 - \eta_1 = - (\alpha_2 - \alpha_1).$$

Dieser Vektor stimmt also nach den Gleichungen (3) mit der Größe und Richtung der Stabkraft überein.

Durch Anwendung einer Nullkorrelation auf die Spannungsfläche und Projektion auf die X-Y-Ebene erhalten wir also eine Figur, die jedem Stabe des Fachwerkes eine ihm parallele Strecke zuordnet, die ihrer Größe nach die betreffende Stabkraft angibt. Diese Figur stimmt mit dem sogenannten Cremonaplan überein. Historisch ist zu bemerken, daß dieser ganze Gedankengang auf Maxwell zurückgeht und daß sich Cremona auch ausdrücklich auf Maxwell beruft. Nur wendet Maxwell anstatt einer Nullkorrelation eine Polarkorrelation in bezug auf ein Rotationsparaboloid an und bekommt dementsprechend einen um 90^0 gedrehten Kräfteplan.

In dem durch Abb. 14 gekennzeichneten Fall erhalten wir für die Gleichungen der Ebenen der inneren Spannungsfläche in den einzelnen Feldern:

$$E_1 : z + 2 = \frac{1}{\sqrt{3}}\, y, \qquad E_6 : z + \frac{5}{2} = -\left(x - \frac{3}{2}\right) + \frac{2}{\sqrt{3}}\left(y + \frac{\sqrt{3}}{2}\right),$$

$$E_2 : z + 1 = \frac{3}{\sqrt{3}}\, y, \qquad E_7 : z + \frac{5}{2} = -\left(x - \frac{1}{2}\right) + \frac{4}{\sqrt{3}}\left(y + \frac{\sqrt{3}}{2}\right),$$

$$E_3 : z = \frac{5}{\sqrt{3}}\, y, \qquad E_8 : z + \frac{5}{2} = \left(x + \frac{1}{2}\right) + \frac{4}{\sqrt{3}}\left(y + \frac{\sqrt{3}}{2}\right),$$

$$E_4 : z + 1 = \frac{3}{\sqrt{3}}\, y, \qquad E_9 : z + \frac{5}{2} = \left(x + \frac{3}{2}\right) + \frac{2}{\sqrt{3}}\left(y + \frac{\sqrt{3}}{2}\right).$$

$$E_5 : z + 2 = \frac{5}{3}\, y,$$

Für die Punkte des Cremonaplanes (Abb. 15), die diesen Ebenen entsprechen, erhalten wir somit

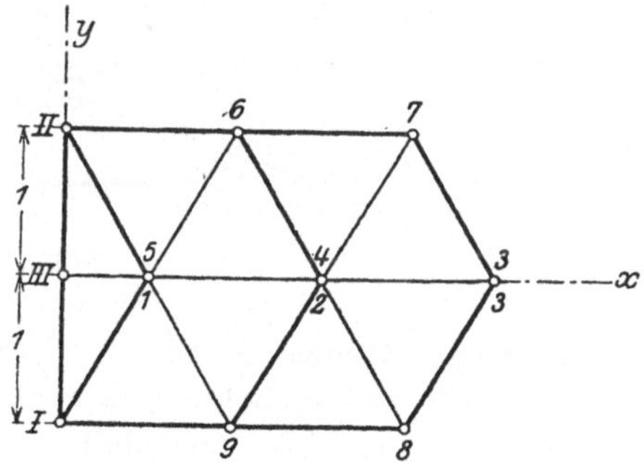

$$P_1 : \xi_1 = \frac{1}{\sqrt{3}}, \quad \eta_1 = 0,$$

$$P_2 : \xi_2 = \frac{3}{\sqrt{3}}, \quad \eta_2 = 0,$$

$$P_3 : \xi_3 = \frac{5}{\sqrt{3}}, \quad \eta_3 = 0, \qquad P_7 : \xi_7 = \frac{4}{\sqrt{3}}, \quad \eta_2 = 1,$$

$$P_4 : \xi_4 = \frac{3}{\sqrt{3}}, \quad \eta_4 = 0, \qquad P_8 : \xi_8 = \frac{4}{\sqrt{3}}, \quad \eta_3 = -1,$$

$$P_5 : \xi_5 = \frac{1}{\sqrt{3}}, \quad \eta_5 = 0, \qquad P_9 : \xi_9 = \frac{2}{\sqrt{3}}, \quad \eta_4 = -1.$$

$$P_6 : \xi_6 = \frac{2}{\sqrt{3}}, \quad \eta_1 = 1,$$

Abb. 15.

Für die den äußeren Belastungsflächen entsprechenden Punkte erhalten wir

$$P_I \ : \xi = 0, \qquad \eta_1 = -1,$$
$$P_{II} \ : \xi = 0, \qquad \eta_2 = 0,$$
$$P_{III} : \xi = 0, \qquad \eta_3 = +1.$$

Sowohl in Abb. 14 als auch in Abb. 15 sind die Strecken, die den auf Druck beanspruchten Streben entsprechen, dick gezeichnet.

§ 20. Statische Unbestimmtheit.

Wieder sehen wir die äußere Belastung und somit die äußere Belastungsfläche als bekannt an.

Wenn die Gleichgewichtsbedingungen der Statik zur eindeutigen Festlegung des Spannungszustandes und somit der inneren Spannungsfläche nicht ausreichen, so sprechen wir von statischer Unbestimmtheit. Wir wollen hier auf zwei Fälle näher eingehen[1]).

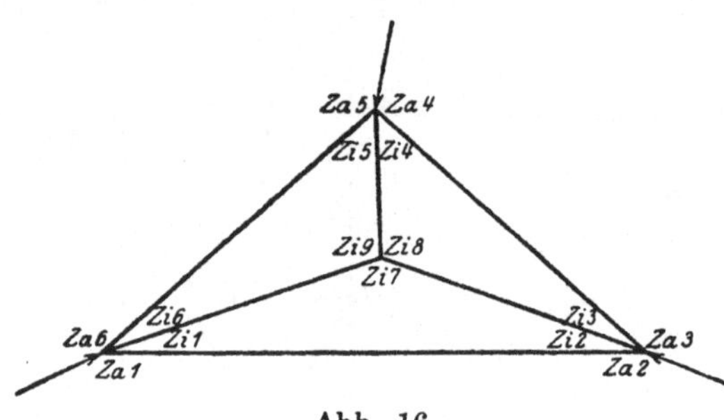

Abb. 16.

1. Steife Knotenverbindung. Lassen wir die Annahme reibungsloser Gelenke fallen, nehmen wir im Gegenteil an, daß die Knotenverbindungen absolut steif sind, daß also die Stäbe auch auf Biegung beansprucht werden können, so könnte man nach dem Bisherigen bei einem Fachwerk mit n Feldern jedem einzelnen Felde im Innern des Fachwerkes noch in völlig willkürlicher Weise eine Ebene zuordnen. Jeder beliebigen Wahl entspricht ein statisch möglicher Zustand des Gleichgewichts.

Da jede Ebene durch 3 Größen bestimmt ist, bestehen also $3n$ statisch mögliche Zustände, man sagt, das System ist $3n$-fach statisch unbestimmt.

---

[1]) Die Fälle, daß Stäbe sich kreuzen ohne miteinander verbunden zu sein u. dergl. werden hier nicht behandelt.

2. Gelenkige Knotenverbindung. Auch hier. kann es vorkommen, daß die durch die Gesetze der Statik bedingte Stetigkeitsforderung für die eindeutige Festlegung der inneren Spannungsfläche nicht ausreicht. Betrachten wir z. B. ein Dreiecksfachwerk mit inneren Knotenpunkten, Abb. 16[1]), so reicht offenbar die Forderung, daß sich die einzelnen Ebenen der inneren Spannungsfläche stetig untereinander und an die äußere Spannungsfläche anschließen sollen, nicht aus, um die Gestalt der inneren Spannungsfläche eindeutig festzulegen, sondern man kann noch den gemeinsamen Wert von z_7, z_8, z_9 bei dem inneren Knoten vollkommen willkürlich wählen, und jeder beliebigen Wahl entspricht eine stetige Spannungsfläche, also ein System von Kräften, die untereinander im Gleichgewicht sind und bei dem die Stäbe nur auf Zug oder Druck, aber nicht auf Biegung beansprucht sind. Auch bei einem Dreiecksfachwerk mit mehreren inneren Knotenpunkten stimmt offenbar die Anzahl der willkürlich wählbaren Größen mit der Anzahl der inneren Knoten überein.

Allgemein bezeichnet man die noch unwillkürlich wählbaren Größen, nach deren Wahl unter Berücksichtigung der Gleichgewichtssätze der Statik der Spannungszustand eines Fachwerkes gekennzeichnet ist, als **statisch unbestimmte Größen** und ihre Anzahl als den **Grad der statischen Unbestimmtheit.** Abb. 16 stellt im Fall reibungsloser Gelenke ein einfach, im Fall steifer Knotenverbindung ein 9-fach statisch unbestimmtes System dar.

Schreiben wir die Gleichung der Ebene für das ν^{te} Feld in der Form

$$z = \alpha_\nu x + \beta_\nu y + \gamma_\nu,$$

so werden wir, im allgemeinen gesprochen, irgendwelche lineare Funktionen der Größen α_ν, β_ν, γ_ν (die natürlich voneinander linear unabhängig sind) als statisch unbestimmte Größen einzuführen haben. Insbesondere kommen in Betracht die Werte von Ordinaten z an einzelnen besonders gekennzeichneten Stellen der Spannungsfläche oder einfache Kombinationen hiervon. Wie diese Größen auszuwählen sind, darin besteht an und für sich eine große Willkür. Aber durch unser geometrisches Bild wird es uns in den einzelnen Fällen durch die Anschauung nahegelegt, wie sie in einer für die Rechnung vorteilhaften Weise einzuführen sind. Z. B. bei Abb. 16 wäre es, wenn die Stäbe durch reibungslose Gelenke verbunden wären, offenbar naheliegend, den gemeinsamen Wert der Ordinaten z_7, z_8, z_9 als statisch unbestimmte Größe einzuführen. Im andern Falle wird man die Ordinaten in den Ecken der 3 Dreiecke wählen.

---

[1]) Wegen der Stetigkeit der äußeren Belastungsfläche ist $z_{a6} = z_{a1}$, $z_{a2} = z_{a3}$, $z_{a4} = z_{a5}$.

Zur weiteren Bestimmung der statisch unbestimmten Größen wollen wir das Castiglianosche Prinzip heranziehen. Zu diesem Zwecke hat man den Ausdruck für die Formänderungsarbeit zu bilden, indem man die darin vorkommenden Kraftkomponenten und Momente durch die statisch unbestimmten Größen ausdrückt. Er lautet:

$$A = \frac{1}{2} \int \frac{M^2}{EJ}\, ds + \frac{1}{2} \int \frac{N^2}{EF}\, ds + \frac{1}{2} \int \frac{kQ^2}{GF}\, ds,$$

wobei die Integrale über sämtliche Stäbe zu erstrecken sind[1]).

Hierin bedeuten M das Moment, N die Normalkraft, Q die Querkraft, E den Elastizitätsmodul, G den Gleitmodul, F den Flächeninhalt, J das Trägheitsmoment der Querschnittsfläche und k eine dimensionslose Zahl[2]). Das Castiglianosche Prinzip fordert nun daß die statisch unbestimmten Größen so zu bestimmen sind, daß A ein Minimum wird. Bei den bisher üblichen Theorien wird die in den Knotenverbindungen aufgestapelte potentielle Energie, die eigentlich dem Ausdruck für A beizufügen wäre, stets vernachlässigt. Entweder macht man die Annahme, die Stäbe seien durch reibungslose Gelenke verbunden (ideales Fachwerk) oder man macht die Annahme, die Ecken seien vollkommen steif ausgebildet (man denkt sich also die Knotenbleche als absolut starre Körper). Die aus der Minimumforderung fließenden Gleichungen heißen Elastizitätsgleichungen.

Im ersten Falle, wo wir es also nur mit einer Beanspruchung auf Zug oder Druck zu tun haben, also durchweg $M = Q = 0$ ist, ist z, wie schon erwähnt, eine stetige Funktion, und zwar sowohl bei der Belastungsfläche als auch bei der inneren Spannungsfläche. Die Unstetigkeiten der Differentialquotienten normal zur Stabachse geben die Größen von N an. Das Minimumprinzip fordert also, daß sich die einzelnen Ebenen möglichst flach untereinander und an die äußere Belastungsfläche anschließen. Dabei wird der Grad der Flachheit (d. h. die Größen des Sprunges der Differentialquotienten normal zur Stabachse) je nach Verschiedenheit bzw. Gleichheit der Werte von EF verschieden, bzw. gleich gewertet.

Im zweiten Falle, wo die Verbindungen der Ecken als vollkommen steif gedacht sind, macht sich vor allem der Umstand geltend, daß die drei Glieder im Ausdruck für A von durchaus ungleicher Bedeutung sind. Den beträchtlichsten Einfluß übt das 1. Glied aus. Ist nämlich h die Höhe eines Balkens, l seine Länge, so ist $\dfrac{h}{l}$ im Verhältnis zu 1 eine kleine dimensionslose Größe. Nun

---

[1]) Vgl. z. B. Bach, Elastizität u. Festigkeit und die Lehrbücher von Föppl, Lorenz u. a.

[2]) k ist in den meisten Fällen etwa $= 2$.

können wir $J = h^2 \cdot \Theta F$ setzen, wobei Θ zwischen null und eins liegt. Berücksichtigen wir ferner, daß M von der Größenordnung $Q \cdot l$ oder $N \cdot l$ ist, so sieht man, daß durch Vernachlässigung des 2. und 3. Gliedes im Ausdruck für A bei den Koeffizienten der durch die Minimumforderung entspringenden Gleichungen, der sogenannten Elastizitätsgleichungen, nur ein Fehler entsteht, der sich zum Werte dieser Koeffizienten ungefähr verhält wie $1 : \dfrac{h^2}{l^2}$. Wenn wir diese Vernachlässigung machen und dementsprechend zunächst im Ausdruck für A nur das Glied $\displaystyle\int \frac{M^2}{EJ}\, ds$ betrachten, so besagt dann die Minimumforderung für unser geometrisches Bild, daß sich die Ebenen für die einzelnen Felder längs der Stäbe sowohl untereinander als auch an die äußere Belastungsfläche möglichst wenig unstetig anschließen, wobei jetzt die Sprünge der Werte von z selbst je nach Verschiedenheit oder Gleichheit der Werte von EJ verschieden oder gleich gewertet werden. Es kann nun insbesondere auch vorkommen, daß sich vollkommen stetiger Anschluß der einzelnen Ebenen untereinander und an die äußere Belastungsfläche erzielen läßt. Wenn wir die obige Vernachlässigung zuließen, würde dann die innere Spannungsfläche ebenso wie beim idealen Fachwerk selbst stetig sein und sich stetig an die äußere Belastungsfläche anschließen. Wenn dadurch die innere Spannungsfläche eindeutig bestimmt ist, so hat sie aber dieselbe Gestalt, wie sie durch die Annahme reibungsloser Gelenke zustande käme. Hier ist also unmittelbar einleuchtend, daß die Annahme reibungsloser Gelenke mit der Annahme unendlich schlanker Stäbe vollkommen gleichbedeutend ist.

Auch bei statisch unbestimmten Systemen trifft das zu, doch um es einzusehen, bedarf es noch einer kleinen Überlegung. Führen wir die Betrachtung an dem erwähnten, durch Abb. 16 dargestellten Beispiele, durch, und sehen wir zunächst die Ecken als steif an! Als statisch unbestimmte Größen führen wir die Werte von z in den einzelnen Ecken der 3 Dreiecke ein. Bezeichnen wir zur Abkürzung

$$\int \frac{M^2}{EJ}\, ds = \Phi, \qquad \int \frac{N^2}{EF}\, ds + \int \frac{kQ^2}{GF}\, ds = \lambda\, \Psi,$$

wobei λ ein Zahlenfaktor von der Größenordnung $\dfrac{h^2}{l^2}$ ist, so daß als Φ und Ψ Funktionen 2. Grades der Größen z_ν, $\nu = 1, 2, \ldots, 9$[1])

---

[1]) Die z_ν sind in der Abb. 16 mit $z_{i_1} \ldots z_{i_9}$ bezeichnet.

sind, deren Beiwerte ungefähr alle von der gleichen Größenordnung sind. Die Gleichungen zur Bestimmung der Werte von z lauten somit:

$$(4) \qquad \frac{\partial \Phi}{\partial z_\nu} + \lambda \frac{\partial \Psi}{\partial z_\nu} = 0 , \qquad\qquad (\nu = 1, 2, \ldots, 9),$$

und als unsere Aufgabe wollen wir betrachten, die Größen

$$\bar{z}_\nu = \lim_{\lambda \to 0} z_\nu$$

zu bestimmen. Sie genügen offenbar den Gleichungen

$$(5) \qquad\qquad \frac{\partial \Phi}{\partial z_\nu} = 0 . \qquad\qquad (\nu = 1, 2, \ldots, 9)$$

Diese Gleichungen besagen, daß Φ den kleinsten möglichen Wert haben soll. Dieser ist aber offenbar Null und wird natürlich immer dann erreicht, wenn die ganze Spannungsfunktion stetig ist, somit noch auf ∞^1 Arten, je nach Wahl des für die Größen z_7, z_8, z_9 gemeinsamen Wertes. Die Gleichungen reichen also zur Bestimmung der Werte z_ν nicht aus, sie sind nicht voneinander unabhängig. Um dies einzusehen, müssen wir bedenken, daß im Ausdruck für das Biegungsmoment und somit in Φ die Größen z_7, z_8, z_9 nur in der Form der zyklisch aufeinanderfolgenden Differenzen $z_7 - z_8$, $z_8 - z_9$, $z_9 - z_7$ auftreten, daß also der Wert von Φ ungeändert bleibt, wenn wir zu z_7, z_8, z_9 ein und dieselbe Größe h hinzufügen:

$$\Phi(z_1, z_2, \ldots, z_6, z_7 + h, z_8 + h, z_9 + h) = \Phi(z_1, z_2, \ldots, z_7, z_8, z_9).$$

Nach Differentiation nach h folgt, daß für $h = 0$ identisch

$$\sum_{\nu=7}^{\nu=9} \frac{\partial \Phi}{\partial z_\nu} = 0$$

erfüllt sein muß. Somit muß nach Gl. (4)

$$\sum_{\nu=7}^{\nu=9} \left(\frac{\partial \Phi}{\partial z_\nu} + \lambda \frac{\partial \Psi}{\partial z_\nu} \right) = \lambda \sum_{\nu=7}^{\nu=9} \frac{\partial \Psi}{\partial z_\nu} = 0,$$

und wir erhalten für die uns noch fehlende Gleichung zur Bestimmung des gemeinsamen Wertes der Größen z_7, z_8, z_9

$$\sum_{\nu=7}^{\nu=9} \frac{\partial \Psi}{\partial z_\nu} = 0.$$

Diese Gleichung ist aber offenbar die gleiche, wie wir sie von der Voraussetzung reibungsloser Gelenke ausgehend zur Bestimmung dieses gemeinsamen Wertes aufgestellt hätten, wobei wir wegen der Stetigkeit der inneren Spannungsfläche die Gleichungen (5) als erfüllt anzusehen hätten und somit das die Querkräfte enthaltende Glied in Ψ verschwinden würde.

Beispiele.

1. Das erste Beispiel ist durch Abb. 17 gekennzeichnet. Auf einen Ring vom Halbmesser 1 wirken zwei Druckkräfte von der Stärke 2 in den in der Abb. angegebenen Richtungen. Dabei nehmen wir an, der Ring sei durchwegs gleich dimensioniert. Über die Willkür, die wir bei der Konstruktion der äußeren Belastungsfläche haben, verfügen wir so, daß sie zur Y-Achse symmetrisch ist und somit für $x \leqq 0$ durch $z = x$ und für $x \geqq 0$ durch $z = -x$ gegeben ist.

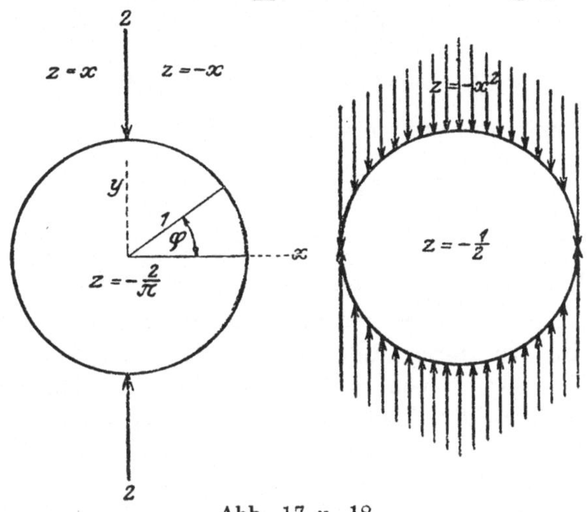

Abb. 17 u. 18.

Als innere Spannungsfläche wäre nach den allgemeinen Gleichgewichtsbedingungen im Innern des Ringes jede beliebige Ebene möglich. Das System ist also 3-fach statisch unbestimmt, aber aus Symmetriegründen folgt sofort, daß nur eine Ebene $z = \zeta$ in Betracht kommt, wobei ζ eine Konstante bedeutet.

Wählen wir als Koordinatenanfangspunkt den Mittelpunkt des Kreises und sei φ der Winkel, den der Radiusvektor mit der X-Achse einschließt.

Längs des Kreises ist dann offenbar

$$\text{für} \quad x \leqq 0, \qquad z = x = \cos \varphi,$$
$$\text{für} \quad x \geqq 0, \qquad z = -x = -\cos \varphi.$$

Das Castiglianosche Prinzip ergibt, wenn wir uns entsprechend den Erörterungen im vorigen Paragraphen auf die Beibehaltung des ersten Gliedes im Ausdruck für A beschränken,

$$\int_{-\frac{\pi}{2}}^{+\frac{\pi}{2}} (\zeta + \cos\varphi)^2 \, d\varphi = \text{Min},$$

wobei wir uns aus Symmetriegründen nur auf das Anschreiben des Integrals für $x \geqq 0$ beschränken konnten, da das Integral für $x \leqq 0$ offenbar den gleichen Wert ergibt.

Somit ergibt sich durch Nullsetzen der Ableitung nach ζ

$$\zeta = -\frac{2}{\pi}.$$

Insbesonders ergibt sich für das Moment in Punkt $\varphi = 0$

$$|M| = 1 - \frac{2}{\pi},$$

wobei der auf Zug beanspruchte Teil auf der Außenseite des Ringes liegt, und im Punkt $\varphi = \frac{\pi}{2}$

$$|M| = \frac{2}{\pi},$$

wobei der auf Zug beanspruchte Teil des Ringes auf der Innenseite des Ringes liegt (vgl. die Vorzeichenregeln, S. 57 bzw. 58).

2. Bei Abb. 18 denken wir uns, daß auf den Ring anstatt einer Einzelkraft in der durch die Abb. angedeuteten Weise eine kontinuierliche Druckkraft von der Stärke 2 für die Längeneinheit der x-Projektion einwirkt, dann erhalten wir für die äußere Belastungsfläche

$$z = -x^2.$$

Das Castiglianosche Prinzip ergibt

$$\int\limits_{-\frac{\pi}{2}}^{+\frac{\pi}{2}} (\zeta + \cos^2 \varphi)^2 \, d\varphi = \text{Min},$$

also:

$$\zeta = -\frac{1}{2}.$$

In diesem Fall wird also sowohl für $\varphi = 0$ als auch für $y = \frac{\pi}{2}$

$$|M| = \frac{1}{2}.$$

3. Betrachten wir jetzt allgemein irgendeinen Rahmen, der aus geraden oder gekrümmten Stäben zusammengesetzt ist. Die Knotenverbindungen seien steif. Der Elastizitätsmodul und das Trägheitsmoment des Querschnittes sei bei den einzelnen Stäben verschieden. Wieder beschränken wir uns im Sinne der obigen Darlegungen auf die Berücksichtigung des von der Biegungsbeanspruchung herrührenden Gliedes im Ausdruck für die aufgestapelte Formänderungs-

arbeit. Die Ordinaten der äußeren Belastungsfläche längs des Rahmens betrachten wir als gegebene Funktionen der Bogenlänge $z_a = z_a(s)$. Die Bestimmung der inneren Belastungsfläche

$$z_i = \alpha x + \beta y + \gamma,$$

d. h. also der Größen α, β, γ, erfolgt somit durch die Forderung, daß das längs des ganzen Rahmens erstreckte Integral

$$\int \frac{[\alpha x + \beta y + \gamma - z_a(s)]^2}{E(s)\,J(s)}\,ds$$

ein Minimum werden soll.

Fragen wir uns nun, unter welchen Bedingungen jede der drei hieraus entspringenden Bestimmungsgleichungen für α, β, γ nur je eine Unbekannte erhalten wird. Dies wird dann der Fall sein, wenn die Beiwerte der doppelten Produkte $2\,\alpha\beta$ bzw. $2\,\alpha\gamma$ bzw. $2\,\beta\gamma$, d. h also so die drei Integrale

$$\int \frac{x(s)\,y(s)}{E(s)\,J(s)}\,ds, \quad \text{bzw.} \quad \int \frac{x(s)\,ds}{E(s)\,J(s)}, \quad \text{bzw.} \quad \int \frac{y(s)\,ds}{E(s)\,J(s)}$$

gleich Null sind.

Denken wir uns nun die Umrißlinien des Rahmens mit der Masse $\dfrac{1}{E(s)\,J(s)}$ belegt, so bedeutet das erste Integral das Zentrifugalmoment dieser Umrißlinie, das zweite und dritte Integral ihr statisches Moment um die Y- bzw. X-Achse. Damit also diese drei Integrale verschwinden, muß der Koordinatenanfangspunkt mit dem Schwerpunkt der Kurve, dem sogenannten elastischen Schwerpunkte, übereinstimmen und das Koordinatenkreuz muß mit dem Achsenkreuz der Trägheitsellipse, der sogenannten Elastizitätsellipse, zu sammenfallen.

§ 21. Der Balken auf starren Stützen.

Ein irgendwie belasteter Balken von konstantem Querschnitt und gleichem Material ruhe auf $n + 2$ Stützen, die wir der Reihe nach mit $0, 1, \ldots n + 1$ numerieren, frei auf. Wir setzen voraus, daß die Stützen nur auf Zug oder Druck beansprucht werden. Ferner wollen wir uns vorstellen, daß die Lasten alle von oben her auf den Balken wirken, was ja sicher keine Schädigung der Allgemeinheit bedeutet, da ja z. B. jede Zugkraft nach unten durch eine entsprechende Druckkraft von oben her ersetzt werden kann. Somit können wir, indem wir den Balken mit der X-Achse zusammenfallen lassen, für $y > 0$ und ferner rechts und links von den beiden äußersten Stützen $z = z_a$ als äußere Belastungsfläche, für $y \leqq 0$ und $x_0 \leqq x \leqq x_{n+1}$, $z = z_i$ als die innere Spannungsfläche ansehen. Wenn wir uns wieder nur auf das erste Glied im Ausdruck für die Formänderungsarbeit beschränken, so brauchen wir von $z = z_a$ nur die Schnittlinie mit der XZ-Ebene zu kennen, die durch die Gleichung

$$z = z_a(x)$$

gekennzeichnet sein möge.

Verbindet man die Endpunkte dieses Linienzuges, also die Punkte mit den Koordinaten x_0, $z_a(x_0)$ und x_{n+1}, $z_a(x_{n+1})$ durch eine Gerade, so ist die von dieser Geraden und von diesem Linienzug eingeschlossene Fläche die Momentenfläche[1]), wie sich ergeben müßte, wenn die Zwischenstützen fehlen und der Balken frei aufläge. Bei der Anlage der äußeren Spannungsflächen können wir es stets einrichten, daß links längs der ersten Stütze, also bei $x = x_0$, die Belastungsfläche parallel zur Y-Achse wird, d. h. $\dfrac{\partial z_a}{\partial y} = 0$ ist. Dann muß wegen des stetigen Anschlusses in den einzelnen Stützen für alle Ebenen der inneren Spannungsfläche $\dfrac{\partial z_i}{\partial y} = 0$ gelten. Somit benötigen wir, um z_i zu kennen, nur die Kenntnis des Schnittes mit der XZ-Ebene, den wir mit

$$z = z_i(x)$$

bezeichnen, und zwar muß diese Funktion ein Polygon darstellen, bei dem die Abszissen der einzelnen Ecken mit den Abszissen für die unterstützten Punkte übereinstimmen. Verbindet man die Endpunkte $z_i(x_0)$ und $z_i(x_{n+1})$ durch eine Gerade, so ist die so entsprechende Fläche jene Momentenfläche, wie sie dann zustande käme, wenn man nur die Wirkung der Stützen in Betracht zöge. Aus der Voraussetzung, daß der Balken am linken und am rechten Ende frei aufliegt, daß das Biegungsmoment somit dort Null sein muß, folgt, daß dort $z_i = z_a$ sein muß. Wir setzen gleiche Dimensionierung des Balkens voraus. Da das Biegungsmoment durch $z_a - z_i$ gegeben ist, so erhalten wir für unsere Aufgabe folgende geometrische Deutung:

Zu einem vorgegebenen Linienzug $z = z_a(x)$ ist ein Polygonzug $z = z_i(x)$, bei dem die Abszissen der Ecken $x = x_\nu$ gegeben sind, und bei dem ferner Anfangspunkt und Endpunkt mit denen des vorgegebenen Linienzuges übereinstimmen, in der Weise einzuzeichnen, daß das Integral,

$$\int\limits_{x_0}^{x_{n+1}} (z_a - z_i)^2 \, dx$$

möglichst klein wird.

---

[1]) d. i. eine Figur deren Ordinatendifferenzen für jedes x das dort auftretende Biegungsmoment angibt.

Bevor wir nun zur Aufstellung der Gleichungen für die statisch unbestimmten Größen schreiten, schreiben wir, um den Gang der Überlegungen später nicht unterbrechen zu müssen, die bei diesen Aufgaben immer wieder benötigte Formel für das Integral des Quadrates einer linearen Funktion an, die durch den Wert am Anfang und Ende des Intervalls gegeben ist:

$$(6) \qquad \int_0^l \left(y_0 + \frac{y_1 - y_0}{l} x \right)^2 dx = \frac{l}{3} \left(y_0^2 + y_0 y_1 + y_1^2 \right).$$

Wir wollen sie kurz als die Kegelstumpfformel bezeichnen. Ferner führen wir folgende abkürzende Bezeichnungen ein

$$z_a(x_\nu) = z_{a\nu}, \qquad z_i(x_\nu) = z_{i\nu}, \qquad M(x_\nu) = z_{a\nu} - z_{i\nu} = M_\nu.$$

Als statisch unbestimmte Größen können wir entsprechend unserem geometrischen Bild die Werte $z_{i\nu}$ einführen oder, was keinen wesentlichen Unterschied bedingt, die Werte von M_ν.

Die Funktion $M(x)$ zerlegen wir in zwei Bestandteile

$$M = \overline{M} + \widehat{M}.$$

Dabei bedeutet $\overline{M}$ jenen Bestandteil, der in jedem einzelnen Intervall $x_{\nu-1} \leqq x \leqq x_\nu$ bloß von der Einwirkung des Momentes an den beiden Endpunkten herrührt, also für jedes Feld durch

$$\overline{M} = M_{\nu-1} + \frac{M_\nu - M_{\nu-1}}{l_\nu} (x - x_{\nu-1})$$

dargestellt ist, wobei $x_\nu - x_{\nu-1} = l_\nu$ gesetzt ist (Abb. 19).

$\widehat{M}$ bedeutet dann jenes Moment, das dann zur Geltung käme, wenn der Balken am linken und rechten Ende eines jeden Teilintervalles frei aufliegen würde. Für den mit $2\,EJ$ multiplizierten Ausdruck für die Formänderungsarbeit erhalten wir

$$\int_{x_0}^{x_{n+1}} M^2\,dx = \sum_{\nu=1}^{\nu=n+1} \left[\frac{l_\nu}{3} \left(M_{\nu-1}^2 + M_{\nu-1} M_\nu + M_\nu^2 \right) + 2 \int_{x_{\nu-1}}^{x_\nu} \overline{M}\,\widehat{M}\,dx + \int_{x_{\nu-1}}^{x_\nu} \widehat{M}^2\,dx \right].$$

Sammeln wir nun jene Glieder, in denen M_ν vorkommt, und beachten wir, daß für

$$x_{\nu-1} \leqq x \leqq x_\nu : \frac{\partial \overline{M}}{\partial M_\nu} = \frac{x - x_{\nu-1}}{l_\nu},$$

und für

$$x_\nu \leqq x \leqq x_{\nu+1} \quad \frac{\partial \overline{M}}{\partial M_\nu} = 1 - \frac{x - x_\nu}{l_{\nu+1}} = \frac{x_{\nu+1} - x}{l_{\nu+1}}.$$

Ferner achte man darauf, daß M_ν^2 sowohl im ν^{ten} als auch $\nu+1^{\text{ten}}$ Summanden vorkommt. Die Minimumforderung ergibt somit die Gleichungen:

$$\frac{1}{3}\left[l_\nu M_{\nu-1} + 2(l_\nu + l_{\nu+1})M_\nu + l_{\nu+1}M_{\nu+1}\right] + 2\int\limits_{x_{\nu-1}}^{x_\nu} \widehat{M}\,\frac{x - x_{\nu-1}}{l_\nu}\,dx$$

$$+\, 2\int\limits_{x_\nu}^{x_{\nu+1}} \widehat{M}\,\frac{x_{\nu+1} - x}{l_{\nu+1}}\,dx = 0$$

also

$$(7)\qquad l_\nu M_{\nu-1} + 2(l_\nu + l_{\nu+1})M_\nu + l_{\nu+1}M_{\nu+1} = B_\nu. \qquad (\nu = 1, 2, \ldots n)$$

Hierzu kommen noch, weil der Balken auf den beiden äußersten Stützen frei aufliegen soll, die Bedingungen

$$M_0 = M_{n+1} = 0.$$

Dabei hat B_ν die folgende Bedeutung: Denken wir uns für jeden einzelnen Balken die Momentenfläche gezeichnet, wie sie zu-

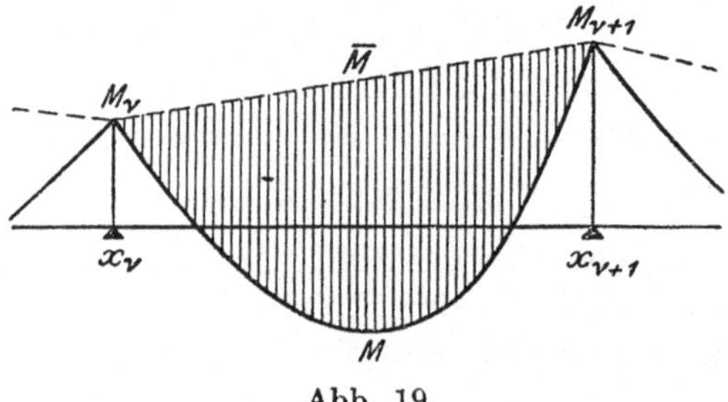

Abb. 19.

stande käme, wenn der Balken über den einzelnen Stützen durchgeschnitten wäre (in Abb. 19 die schraffierte Fläche) und also in den Punkten $x = x_\nu$ frei aufliegen würde. Bezeichnet man die Abszisse des Schwerpunktes dieser Momentenfläche mit $\xi_{\nu+1}$ und ihren Flächeninhalt mit $F_{\nu+1}$, so ist

$$B_\nu = -\,6\left[\frac{F_\nu(\xi_\nu - x_{\nu-1})}{l_\nu} + \frac{F_{\nu+1}(x_{\nu+1} - \xi_{\nu+1})}{l_{\nu+1}}\right], \qquad (\nu = 1, 2, \ldots, n)$$

$$B_0 = -\,6F_1\frac{x_1 - \xi_1}{l_1}, \qquad B_{n+1} = -\,6F_{n+1}\frac{\xi_{n+1} - x_n}{l_{n+1}}.$$

Wenn der Balken nicht an den äußersten Stützen frei aufliegt, sondern dort fest eingeklemmt ist, so können wir uns die einklemmende Wirkung dort hervorgebracht denken durch zwei „absolut starre Doppelstangen". Wir meinen damit Vorrichtungen, die wohl ein Biegungsmoment, aber keine Formänderungsarbeit in sich aufnehmen können, so daß die gesamte Formänderungsarbeit im Balken verbleibt. Die Randbedingungen erhält man in dem Falle einfach, indem man auch M_0 und M_{n+1} als statisch unbestimmte Größen betrachtet und der Minimumbedingung unterwirft, in der Form

$$2\,M_0 \quad + M_1 = \frac{B_0}{l_1},$$

$$2\,M_{n+1} + M_n = \frac{B_{n+1}}{l_{n+1}}.$$

Ist $B_0 = B_{n+1} = 0$, so ergibt sich

$$\left|\frac{M_0}{M_1}\right| = \left|\frac{M_{n+1}}{M_n}\right| = \frac{1}{2},$$

womit der Seite 46 erwähnte Satz erwiesen ist.

Die Gleichungen (7) werden als Clapeyronsche Gleichungen oder als Dreimomentensatz bezeichnet.

§ 22. Balken auf elastisch nachgiebigen Stützen.

Unter diesem Titel faßt man alle jene Fälle zusammen, wo der durch Senkung und Hebung der Stützen verursachte Beitrag zur gesamten von der Einwirkung der Lasten angesammelten potentiellen Energie nicht vernachlässigt werden kann. Beispiele hierfür bieten die auf den Schwellen aufliegende Eisenbahnschiene und die Schiffsbrücke. Dabei kann angenommen werden, die Einsenkung sei verhältnisgleich mit der auf die betreffende Stütze wirkenden Kraft, also der davon herrührende Beitrag zur gesamten potentiellen Energie sei dem Quadrat dieser Kraft verhältnisgleich. Der Proportionalitätsfaktor für die ν-te Stütze sei λ_ν. Hier wollen wir zunächst direkt $z_{i\nu}$ als statisch unbestimmte Größen einführen. Für die Stützenkraft (nach den allgemeinen Darlegungen gleich der Differenz der Abeitungen von z_i nach x zu beiden Seiten der Stützen) erhalten wir:

$$(8) \qquad R_\nu = \frac{z_{i,\,\nu+1} - z_{i,\,\nu}}{l_{\nu+1}} - \frac{z_{i,\,\nu} - z_{i,\,\nu-1}}{l_\nu},$$

und somit

$$\frac{\partial R_\nu}{\partial z_{i,\,\nu}} = -\left(\frac{1}{l_{\nu+1}} + \frac{1}{l_\nu}\right), \qquad \frac{\partial R_{\nu-1}}{\partial z_{i,\,\nu}} = \frac{1}{l_\nu}, \qquad \frac{\partial R_{\nu+1}}{\partial z_{i,\,\nu}} = \frac{1}{l_{\nu+1}};$$

ferner ist, da $M_\nu = z_{a\nu} - z_{i\nu}$,

$$\frac{\partial M_\nu}{\partial z_{i,\,\nu}} = -1.$$

Für die potentielle Energie erhalten wir den Ausdruck

$$\frac{1}{2}\int_{x_0}^{x_{n+1}} \frac{M^2}{EJ}\,dx + \sum_{\nu=0}^{\nu=n+1} \lambda_\nu R_\nu^2.$$

Nehmen wir EJ durchwegs konstant und alle $\lambda_\nu = \lambda$ an, setzen wir ferner zur Abkürzung

$$\lambda' = 6\,EJ\,\lambda,$$

so ergibt die Minimumbedingung

$$(9) \qquad l_\nu M_{\nu-1} + 2(l_\nu + l_{\nu+1}) M_\nu + l_{\nu+1} M_{\nu+1}$$

$$+ \lambda' \left[\frac{R_{\nu-1}}{l_\nu} - R_\nu \left(\frac{1}{l_\nu} + \frac{1}{l_{\nu+1}} \right) + \frac{R_{\nu+1}}{l_{\nu+1}} \right] = B_\nu .$$

Ersetzen wir die Größen $z_{i,\nu}$ durch die Größen $z_{a,\nu}$ und M_ν,

$$z_{i,\nu} = z_{a,\nu} - M_\nu ,$$

so erhalten wir aus (8)

$$(10) \qquad R_\nu + \frac{M_{\nu-1}}{l_\nu} - M_\nu \left(\frac{1}{l_{\nu+1}} + \frac{1}{l_\nu} \right) + \frac{M_{\nu+1}}{l_{\nu+1}} = \frac{z_{a,\nu-1}}{l_\nu}$$

$$- z_{a,\nu} \left(\frac{1}{l_\nu} + \frac{1}{l_{\nu+1}} \right) + \frac{z_{a,\nu+1}}{l_\nu} ;$$

Gleichung (9) und Gleichung (10) bilden zusammen das aufzulösende System von Differenzengleichungen für die Unbekannten R_ν und M_ν.

Für unbelastete Felder liegen die $z_{a,\nu}$ in einer Geraden, somit besteht dann für diese Felder die Beziehung

$$\frac{z_{a,\nu-1}}{l_\nu} - z_{a,\nu} \left(\frac{1}{l_\nu} + \frac{1}{l_{\nu+1}} \right) + \frac{z_{a,\nu+1}}{l_{\nu+1}} = 0 ,$$

somit verschwinden in diesem Fall aus Gleichung (10) die Glieder mit $z_{a\nu}$.

Nehmen wir endlich an, der Abstand zwischen den einzelnen Stützen sei überall der gleiche, so erhalten wir aus Gleichung (9) und (10) für die unbelasteten Felder unter Anwendung der abkürzenden Bezeichnungen von § 1 die Gleichung

$$\triangle^2 (M_{\nu-1}) + 6 M_\nu + \frac{\lambda'}{l^2} \triangle^2 (R_{\nu-1}) = o,$$

und

$$R_\nu = - \frac{\triangle^2 (M_{\nu-1})}{l} ,$$

oder nach Elimination von R_ν

$$\triangle^2 M_{\nu-1} + 6 M_\nu - \mu \triangle^4 M_{\nu-2} = 0,$$

wobei

$$\mu = \frac{\lambda'}{l^3} .$$

§ 23. Der Rahmenträger.

Unter einem Rahmenträger versteht man ein Netz von nebeneinandergereihten Rechtecken, wobei man die Verbindungen der einzelnen Stäbe untereinander als steif ansieht. Wir vernachlässigen hier wieder mit Rücksicht auf die in § 20 gemachten Bemerkungen das zweite und das dritte Glied beim Castiglianoschen Satz, mit anderen Worten, wir beschränken uns wieder darauf, das Problem des möglichst wenig unstetigen Anschlusses der einzelnen Ebenen der inneren Spannungsfläche untereinander und an die äußere Belastungsfläche zu erledigen[1]). Wir nehmen gleiche Dimensionierung aller Stäbe an, das bedeutet also gleiche Wertung aller Unstetigkeiten. Die äußeren Kräfte bzw. Momente sollen nur an den Knotenpunkten angreifen. Die linearen Funktionen, die dann die äußere Belastungsfläche an der Umrahmung des Rahmenträgers kennzeichnen, denken wir uns durch die Werte von z an den betreffenden Knoten gegeben. (Vgl. Abb. 20, in der links und rechts durch die Indices l und r, und oben und unten durch darüber bzw. darunter gesetzte Striche angedeutet sind).

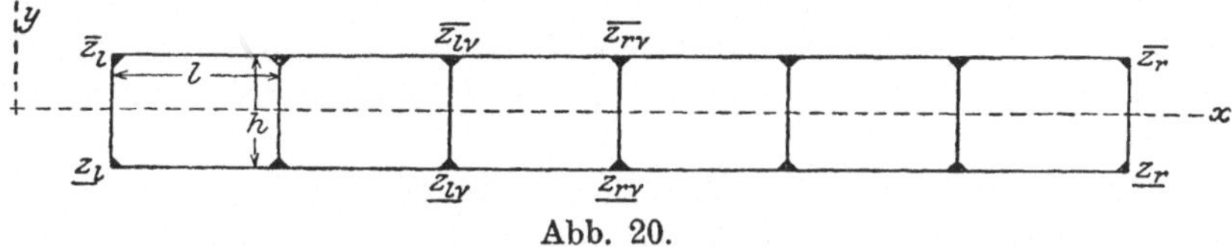

Abb. 20.

Zunächst scheint es wohl naheliegend, als statisch unbestimmte Größen die Größen a_ν, β_ν, ζ_ν einzuführen, wenn

$$z = \alpha_\nu \cdot x + \beta_\nu \cdot y + \zeta_\nu$$

die Gleichung der Ebene für das ν^{te} Feld und insbesondere ζ_ν den Wert von z im Mittelpunkt des Rechteckes darstellen würde. Diese Wahl der statisch unbestimmten Größen hätte aber verschiedene, wenn auch nicht gerade erhebliche Nachteile. Man erhält bei dieser Wahl der statisch unbestimmten Größen ein System von drei Gleichungen zweiter Ordnung, dessen charakteristische Gleichung nur 4 von Null verschiedene Wurzeln hat — was man ja auch erwarten darf — entsprechend dem Umstand, daß durch die Kenntnis der vier Größen $\underline{z}_l$, $\bar{z}_l, \underline{z}_r, \bar{z}_r$ vier Randbedingungen gegeben sind (S. 23). Außerdem wirken die ungleichmäßige Behandlung der Richtung von rechts nach links und von links nach rechts und die Ungleichheit der Dimension störend.

Um eine zweckmäßige Wahl der statisch unbestimmten Größen treffen zu können, wollen wir folgende Bemerkung vorausschicken:

Wie wir auch immer die statisch unbestimmten Größen entsprechend dem, was darüber auf S. 63 gesagt wurde, wählen, immer wird für die Formänderungsarbeit ein Ausdruck entstehen, der sowohl in den statisch unbestimmten Größen als auch in den Größen z vom 2. Grade ist. Wenn wir diese beiden Gattungen von Größen

---

[1]) Bez. der Zulässigkeit sei auf meine im Anhang genannte Abhandlung aus den Wiener Ber., Schluß des § 2, verwiesen.

als veränderlich ansehen, so ist der Ausdruck eine in ihren Veränderlichen homogene Funktion zweiten Grades. Die statisch unbestimmten Größen sind natürlich so zu wählen, daß die Beiwerte dieser quadratischen Form möglichst einfach zu berechnen sind. Zu einer übersichtlichen Gestaltung des Rechnungsvorganges führt nun die folgende Überlegung. Es ist bei einer in den Variabeln u und z quadratischen Form

$$F\left(u_1, u_2, \ldots, u_n, z_1, z_2, \ldots, z_n\right)$$

der Beiwert von u_i^2 gleich dem Wert von F, wenn man alle u_ν und z_ν mit Ausnahme von u_i gleich Null und u_i gleich 1 setzt. Der Beiwert von $u_i u_\varkappa$ (bzw. von $u_i z_\varkappa$) ist gleich der Hälfte der Differenz, die man erhält, wenn man vom Wert von F für: $u_i = 1$, $u_\varkappa = 1$ (bzw. $u_i = 1$, $z_\varkappa = 1$) und sonst $u_\nu = z_\nu = 0$ den Wert von F für: $u_i = 1$, $u_\varkappa = -1$ (bzw. $u_i = -1$, $z_i = 1$) und sonst $u_\nu = z_\nu = 0$ abzieht.

Diese Überlegung führt dazu, daß man bei der Wahl der statisch unbestimmten Größen es so einrichten wird, daß jene statisch möglichen Zustände, die man erhält, wenn man eine der Variabeln gleich

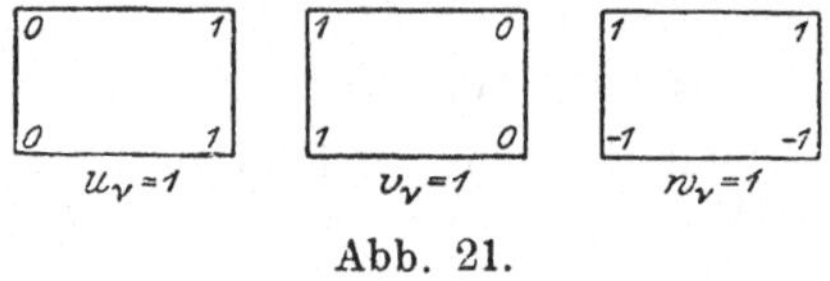

Abb. 21.

eins und die übrigen gleich Null setzt, durch möglichst einfache und durch Symmetrieeigenschaften ausgezeichnete Stellungen der Ebenen gekennzeichnet sei; ferner läßt diese Überlegung bei einiger Übung leicht erkennen, wie man es einzurichten hat, damit in dem Ausdruck für die Formänderungsarbeit möglichst viele Glieder von der Form $u_i u_k$ verschwinden.

Im vorliegenden Fall treffen wir die Wahl entsprechend den durch die (Abb. 21) angedeuteten Ebenenstellungen. u_ν bedeutet den Wert von z in der rechten Pfostenmitte, v_ν den Wert von z in der linken Pfostenmitte, w_ν die halbe Differenz, die man erhält, wenn man vom Wert von z in einem Punkt des Obergurtes den Wert von z im gegenüberliegenden Punkt des Untergurtes abzieht.

Bei der Berechnung der Beiwerte in unserer Funktion zweiten Grades haben wir stets nur [nach der Kegelstumpfformel (6)] Integrale über Quadrate von linearen Funktionen zu ermitteln, bei der die Werte an den beiden Enden für jedes Intervall leicht aus der geometrischen Darstellung zu entnehmen sind.

Der Rechnungsvorgang bei der Berechnung der Beiwerte von

$$u_\nu v_\nu, \qquad u_\nu v_{\nu+1}, \qquad w_\nu \bar{z}_l$$

ist durch die Abb. 22 bis 24 erläutert. Durch das Durchstreichen der Stäbe soll angedeutet sein, daß man sofort aus den Figuren entnehmen kann, welche Integrale sich bei der Subtraktion gegenseitig tilgen.

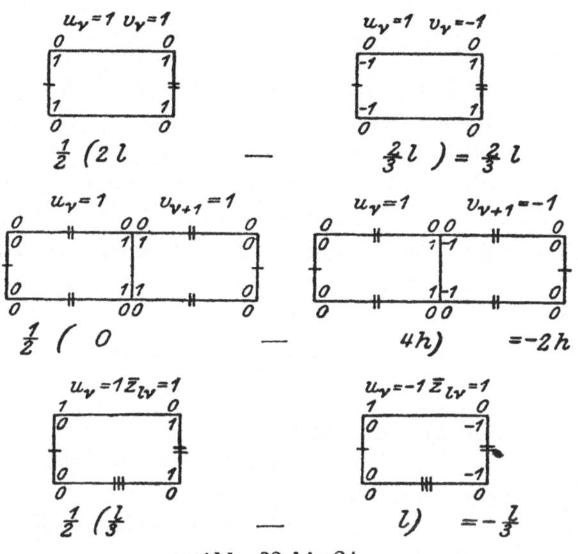

Abb. 22 bis 24.

Sammeln wir nun diejenigen Glieder im Ausdruck $\int \dfrac{M^2}{EJ}\,ds$, die entweder u_ν, v_ν oder w_ν enthalten, so erhalten wir:

$$\left(\frac{2}{3}\,l + h\right)(u_\nu^2 + v_\nu^2) + 2\left(\frac{h}{3} + l\right)w_\nu^2 + \frac{2l}{3}\,u_\nu v_\nu - 2h\,(u_\nu v_{\nu+1} + v_\nu u_{\nu-1})$$

$$-\frac{2h}{3}\,(w_\nu w_{\nu-1} + w_\nu w_{\nu+1}) - \frac{l}{3}\,(\bar{z}_{l\nu} + \underline{z}_{l\nu} + 2\bar{z}_{r\nu} + 2\underline{z}_{r\nu})\,u_\nu$$

$$-\frac{l}{3}\,(\bar{z}_{r\nu} + \underline{z}_{r\nu} + 2\bar{z}_{l\nu} + 2\underline{z}_{l\nu})\,v_\nu - l\,(\bar{z}_{l\nu} + \bar{z}_{r\nu} - \underline{z}_{l\nu} - \underline{z}_{r\nu})\,w_\nu.$$

Die Minimumforderung ergibt das folgende System von Differenzengleichungen, indem man nach u_ν, bzw. v_ν, bzw. w_ν differnziert:

$$\left.\begin{aligned}
\left(\frac{2}{3}\,l + h\right)u_\nu + \frac{l}{3}\,v_\nu - h\,v_{\nu+1} &= \frac{l}{6}\,(\bar{z}_{l\nu} + \underline{z}_{l\nu} + 2\bar{z}_{r\nu} + 2\underline{z}_{r\nu}) \\
-h\,u_{\nu-1} + \frac{l}{3}\,u_\nu + \left(\frac{2}{3}\,l + h\right)v_\nu &= \frac{l}{6}\,(\bar{z}_{r\nu} + \underline{z}_{r\nu} + 2\bar{z}_{l\nu} + 2\underline{z}_{l\nu}) \\
\left(\frac{h}{3} + l\right)w_\nu - \frac{h}{6}\,(w_{\nu-1} + w_{\nu+1}) &= \frac{1}{4}\,l\,(\bar{z}_{l\nu} + \bar{z}_{r\nu} - \underline{z}_{l\nu} - \underline{z}_{r\nu})
\end{aligned}\right\}(11)$$

Die Randbedingungen erhalten wir offenbar dadurch, daß wir uns noch ein 0tes und ein $(n+1)^{\text{tes}}$ Feld hinzudenken und dort fordern:

$$\frac{\bar{z}_l + z_l}{2} = u_0, \qquad \frac{\bar{z}_l - z_l}{2} = w_0,$$

$$\frac{\bar{z}_r + z_r}{2} = v_{n+1}, \qquad \frac{\bar{z}_r - z_r}{2} = w_{n+1}.$$

Für den wichtigen Sonderfall, daß nur Kräfte und keine Momente an den Knotenpunkten angreifen, kann nun die Auflösung der beiden ersten Gleichungen (11) durch eine Symmetriebetrachtung ersetzt werden. Wir schicken zunächst zwei kleine, wohl auch an sich ganz nützliche Bemerkungen voraus:

1. Wirken nur Kräfte und keine Momente an den Knotenpunkten ein, ist also die Belastungsfläche durch eine stetige Funktion gegeben, so muß

$$\bar{z}_{l\nu} = \bar{z}_{r\nu-1}, \qquad \bar{z}_{l1} = \bar{z}_l, \qquad \bar{z}_{rn} = \bar{z}_r.$$

$$z_{l\nu} = z_{r\nu-1}, \qquad z_{l1} = z_l, \qquad z_{rn} = z_r.$$

Wenn dies der Fall ist, fragen wir nun weiter: unter welcher Bedingung wird die Forderung nach möglichst wenig unstetigem Anschluß der Ebenen untereinander und an die äußere Belastungsfläche durch eine selbst stetige und sich stetig an die äußere Belastungsfläche anschließende innere Spannungsfläche erreicht?

Damit dies der Fall ist, müssen offenbar die Schnittgeraden der äußeren Belastungsfläche mit $y = \dfrac{h}{2}$ und $y = -\dfrac{h}{2}$ zueinander parallel sein; es müssen also die Differenzen

$$\bar{z}_{l\nu} - z_{l\nu} = \bar{z}_{r\nu} - z_{r\nu}$$

für alle Felder denselben Wert haben.

2. Auf Grund des linearen Charakters unserer Differenzengleichungen und der Randbedingungen ergibt sich das Superpositionsgesetz in der folgenden Form: Stellen Z_{i1} bzw. Z_{i2} die inneren Spannungsflächen dar, die zu den durch Z_{a1} bzw. Z_{a2} gegebenen äußeren Belastungsflächen gehören, so entspricht der Belastungsfläche $c_1 \cdot Z_{a1} + c_2 \cdot Z_{a2}$ die innere Spannungsfläche $c_1 \cdot Z_{i1} + c_2 \cdot Z_{i2}$.

Die angekündigte Symmetriebetrachtung ergibt sich nun folgendermaßen:

Es möge also $Z_a(x, y)$ die gegebene stetige äußere Belastungsfläche und $Z_i(x, y)$ die dazugehörige innere Spannungsfläche darstellen. $Z_i(x, -y)$ stellt dann offenbar die zu $Z_a(x, -y)$ gehörige innere Spannungsfläche dar. Die äußere Belastungsfläche $Z_a^* = Z_a(x, -y)$

$+ Z_a(x, y)$ ist nun in bezug auf $y = 0$ symmetrisch. Ihr entspräche als innere Spannungsfläche

$$Z_i^* = Z_i(x, y) + Z_i(x, -y).$$

Da wegen der Symmetrie

$$Z_a^* \left(x, \frac{h}{2}\right) - Z_a^* \left(x, -\frac{h}{2}\right) = 0,$$

so ist (nach 1, S. 78) Z_i^* stetig und schließt sich stetig an Z_a^* an.

Da ferner $Z_i^*(x, y)$ in y linear und andrerseits symmetrisch zu $y = 0$ ist, ist es also überhaupt von y unabhängig. Somit ergibt sich:

$$Z_i(x, 0) = \frac{1}{2} Z_i^*(x, 0) = \frac{1}{2} Z_i^* \left(x, \frac{h}{2}\right) = \frac{1}{2} Z_a^* \left(x, \frac{h}{2}\right) = \frac{1}{2} \left[Z_a \left(x, \frac{h}{2}\right) \right.$$

$$\left. + Z_a \left(x, -\frac{h}{2}\right) \right].$$

Somit ist Z_i für $y = 0$ stetig.

Für den rechten und linken Rand des Rahmenträgers gilt aber die Gleichung

$$Z_a(x, 0) = \frac{1}{2} \left[Z_a \left(x, \frac{h}{2}\right) + Z_a \left(x, -\frac{h}{2}\right) \right],$$

da die Funktionen in y linear sind.

Somit schließt sich Z_i für $x = 0$ stetig an Z_a an. In der Mitte der Pfosten ist somit das Moment überall gleich Null. An den Spannungsverhältnissen würde also beim Rahmenträger in diesem Falle nichts geändert, wenn man dort überall Gelenke anbringen würde. In der technischen Literatur spricht man das so aus, daß man sagt: Der Rahmenträger hat in der Mitte der Pfosten überall natürliche Gelenke.

Anhang[1].

Literarische und historische Angaben.

Erster Teil.

Wie schon im Text erwähnt, wird die Theorie der linearen Differenzengleichungen vom funktionentheoretischen Standpunkt aus sehr eingehend behandelt im dem Buche von Wallenberg und Guldberg „Die Theorie der linearen Differenzengleichungen" (Leipzig, Teubner 1911). Dort finden sich auch sehr ausführliche Literaturangaben. Ferner sei für das Aufsuchen von Literaturangaben verwiesen insbesondere auf den betreffenden Abschnitt der französischen Ausgabe der Enzyklopädie (Paris und Leipzig 1906), bearbeitet von Seliwanoff, Bauschinger und Andoyer.

Über Differenzenrechnung seien ferner folgende Lehrbücher genannt:

Boole (engl.), deutsche Übersetzung, Bearbeitung von H. Schnuse, Die Grundlehren der endlichen Differenzen und Summenrechnung (Braunschweig 1867).

Markoff (russ.), deutsche Übersetzung von Th. Friesendroff und Prümm, Differenzenrechnung, Leipzig (B. G. Teubner 1896).

Seliwanoff, Lehrbuch der Differenzenrechnung, Leipzig (B. G. Teubner 1904).

Lineare Differenzengleichungen mit unveränderlichen Beiwerten treten schon sehr frühzeitig in der mathematischen Literatur auf. Als erstes Beispiel wird folgende bei Fibonacci (gen. Leonardo Pisano) auftretende Reihe genannt

$$0, 1, 1, 2, 3, 5, 8, \ldots.$$

die dadurch gekennzeichnet ist, daß stets eine Zahl die Summe der beiden vorhergehenden ist. Es handelt sich also um die Differenzengleichung von $u_{\nu+1} = u_\nu + u_{\nu-1}$.

Über das Iterationsverfahren vgl. Runge, Praxis der Gleichungen, Sammlung Schubert XIV, wo auch ein Beispiel durchgerechnet ist.

Über eine Verallgemeinerung für den Fall, daß nicht nur die Werte in der Diagonale der Matrix, sondern auch die Werte in unmittelbarer Nähe der Diagonale gegenüber den übrigen Beiwerten sehr groß sind, vgl. A. Hertwig: Die Lösung linearer Gleichungen

---

[1] Um Mißverständnisse zu vermeiden, sei bemerkt, daß die hier gemachten Angaben bloß den Zweck verfolgen, das im Text Vorgebrachte nach der oder jener Richtung hin zu ergänzen und auf historisch Beachtenswertes hinzuweisen. Vollständigkeit oder das Einhalten eines systematischen Gesichtspunktes lag durchaus nicht in der Absicht des Verfassers.

und ihre Anwendung auf die Berechnung hochgradig statisch unbestimmter Systeme (erschienen in der Festschrift für Müller-Breslau).

Ferner ist vielleicht angezeigt hier auf eine Abhandlung von Jacobi hinzuweisen (Schuhmachers Astronomische Nachrichten Bd. 22 oder ges. Werke III, S. 467—478.) Es handelt sich um eine Anwendung der aus der Theorie der Kegelschnitte bekannten Transformationsgleichungen zur Beseitigung der die Konvergenz störenden Wirkung einzelner nicht zur Diagonale der Matrix gehöriger größerer Beiwerte. Von der Güte des Verfahrens kann man sich an einem dort durchgeführten numerischen Beispiel überzeugen.

Der in § 9 mitgeteilte Konvergenzbeweis für Kettenbrüche wurde von Pringsheim (Münchner Berichte 1898) für komplexe Zahlen (vgl. auch Stern, Lehrbuch der algebraischen Analysis, Leipzig 1860) geliefert. Der Beweis findet sich auch im Perronschen Buch über Kettenbrüche.

Die hier besprochene Theorie der Randwertaufgaben bei Differentialgleichungen stammt im wesentlichen von Hilbert (Grundzüge einer allgemeinen Theorie der Integralgleichungen, zweite Mitteilung, Göttinger Nachrichten 1904).

Der Begriff Greensche Funktion war früher schon längst bei Aufgaben im 2- und 3-dimensionalen Gebiet allgemein in Gebrauch. Bei Aufgaben im eindimensionalen Gebiet wurde dieser Begriff von Burkhardt (Bul. de la soc. math. Bd. 22, 1894) eingeführt, vgl. auch Picard, Traité d'analyse, III, Chap. VI.

Der Begriff „adjungierte Differenzengleichung" dürfte wohl (abgesehen vom Namen) sehr alt sein, denn das zu Beginn von § 9 erläuterte Rechenverfahren ist mit dem, was in elementaren Büchern Methode von Bezout bzw. Methode der unbestimmten Koeffizienten genannt wird, im wesentlichen identisch.

Der Begriff „adjungierte Differentialgleichung" wurde von Lagrange eingeführt (Œuvres I, S. 471 oder Misc. Taur. III, 1762—65).

Die Schöpfung des Begriffes Greensche Funktion (vgl. Green, Ein Versuch, die mathematische Analyse auf Elektrizität und Magnetismus anzuwenden, Ostwalds Klassiker-Ausgaben) scheint von der Analogie mit den gewöhnlichen linearen Gleichungen nicht beeinflußt zu sein, sondern ist offenbar dem unmittelbar anregenden Einfluß des behandelten elektrostatischen Problems zu danken.

Bei partiellen Differentialgleichungen wird der Begriff adjungierte Differentialgleichung und zwar unter ausdrücklicher Berufung auf die Analogie mit den entwickelten elementaren algebraischen Gesichtspunkten bei Riemann in seiner Abhandlung „Über die Fortpflanzung ebener Luftwellen von endlicher Schwingungsweite" (Werke, 1. Aufl., S. 147) verwendet.

Zweiter Teil.

Maßgebend für die Wahl der Überschrift von § 13 waren die Angaben von Ostenfeld in seiner Arbeit: Graphische Behandlung des kontinuierlichen Trägers mit festen, drehbaren, elastisch senkrechten oder drehbaren und elastisch senkbaren Stützen. Zeitschr. f. Architektur und Ingenieurwesen, 1905.

Ferner sei insbesondere verwiesen auf Müller-Breslau: Graphische Statik und auf die überaus anregende, aber von ganz anderen Gesichtspunkten ausgehende Darstellung bei Ritter, Anwendungen der graphischen Statik, 3. Teil.

Dritter Teil.

Der hier gegebene Abriß einer Theorie der hochgradig statisch unbestimmten Systeme ist eine ausführlichere Darstellung des Gegenstandes meiner Arbeit „Über eine geometrische Auffassung bei Aufgaben über Fachwerke" (Ber. der Wiener Akad., 1918). Die dort dargelegte Auffassung hat ihren Ursprung in einer Abhandlung von Klein und Wieghardt. „Über Spannungsflächen und reziproke Diagramme mit besonderer Berücksichtigung der Arbeiten Maxwells, „Arch. f. Math. und Phys. III. 8". Ferner sind noch insbesondere die beiden folgenden Arbeiten von Wieghardt zu nennen „Über einen Grenzübergang der Elastizitätslehre und seine Anwendung auf die Statik hochgradig statisch unbestimmter Systeme" (Habilitationsschrift Aachen, bzw. Verhandlungen des Vereines zur Beförderung des Gewerbefleißes, Berlin 1906) und „Über die Nebenspannungen gewisser hochgradig statisch unbestimmter Fachwerke", Zeitschr. f. Math. u. Phys. 1906.

Eine ganz andere Richtung besteht darin, daß man auf das Bild, wie es dem Verzerrungszustand des Fachwerkes entspricht, näher eingeht und die diesen Verzerrungszustand näher kennzeichnenden Größen einführt. Ihr Zusammenhang untereinander und mit den die Deformation hervorrufenden Kräften ergibt dann die gewünschten Gleichungen.

In dieser Beziehung sind insbesondere die Arbeiten von Mohr zu nennen. Ferner die Lehrbücher über graphische Statik von Müller-Breslau, Mehrtens und Ostenfeld. Über die ältere Literatur, insbesondere über die Arbeiten von Mohr findet man wohl am besten und bequemsten Aufschluß in den Vorlesungen von Mehrtens über Statik der Baukonstruktionen und Festigkeitslehre, Leipzig 1905, Bd. III, obwohl man seinen scharfen Werturteilen jedenfalls nur mit großer Vorsicht folgen und wohl nur auf Grund persönlicher eingehender Forschung beipflichten sollte. Insbesondere erscheint erwähnenswert, daß Bertot 2 Jahre vor Clapeyron die sogenannten Clapeyronschen Gleichungen angegeben hat. Ferner glaube ich auf die dort wörtlich angegebene Prioritätsentscheidung durch Cremona über das sogenannte Castiglianosche Prinzip hinweisen zu sollen. Dieses Urteil fällt im wesentlichen zu gunsten von Menabrea aus, dessen Arbeit aus dem Jahre 1858 stammt, während die Castiglianosche Arbeit aus dem Jahre 1879 stammt.

Von neuen Abhandlungen seien hervorgehoben: Fr. Bleich, Der Viermomentensatz und seine Anwendung zur Bestimmung statisch unbestimmter Systeme, Eisenbau 1913 und vom selben Verfasser: „Die Berechnung statisch unbestimmter Tragwerke nach der Methode des Viermomentensatzes" (Springer, Berlin 1918). Eine weitere Anwendung dieser Entwicklungen findet sich im Eisenbau 1919 in der Abhandlung über Knickfestigkeit von Stabzügen.

Zu § 22 vgl. einen Aufsatz von Grüning, Eisenbau 1918, Anwendung der Differenzengleichungen in der Statik hochgradig statisch unbestimmter Tragewerke.

Über den Rahmenträger ist die Literatur sehr ausgedehnt. Nach den Ausführungen im „Eisenbau 1918" scheint die früher allgemein verwendete Bezeichnung „Vierendeelträger" nicht berechtigt zu sein. Vielmehr soll das Hauptverdienst an der Entwicklung und Vervollkommnung dieses Trägers dem deutschen Ingenieur Engesser zufallen.

Ich begnüge mich mit der Aufzählung jener Arbeiten, die auf meine Arbeit einen besonderen Einfluß hatten.

Mann: Statische Berechnung steifer Vierecknetze. Zeitschr. f. Bauw. 1909.
Melan: Der Brückenbau, III. Bd., 1. Teil, 1914.
Pöschl: Über eine neue angenäherte Berechnung der Rahmenträger. Armierter Beton 1914.
Vinzenz: Der Vierendeelträger als Streckträger von Hänge- und Bogenbrücken, Dissertation, Techn. Blätter Prag, 1917.

Die hier gebotene Auswahl der Anwendungen der Differenzengleichungen in der Theorie der Baukonstruktionen erfolgte unter dem gewiß etwas einseitigen Gesichtspunkt, gleichzeitig Anwendungsbeispiele für die Verwertung der Vorstellung einer unstetigen Airyschen Spannungsfunktion zu bieten. Natürlich gibt es auch sehr viele Anwendungsbeispiele, die nicht unter diesen Gesichtspunkt passen, insbesondere solche, die nicht von ebenen Problemen herrühren, vgl. z. B. J. Melan, Über die Berechnung von Führungsgerüsten bei Gasbehältern. (Zeitschr. f. Bauwesen 1892) und eine Arbeit von Reissner (Arch. f. Math. u. Phys. III, 13, 1908), Über Fachwerke mit zyklischer Symmetrie.

Sachverzeichnis.